为 人 生 提 供 领 跑 世 界 的 力 量

BLACK SWAN

深度思考

如何有效利用注意力做出理性决策

［日］川上浩司◎著
金磊◎译

Deep Thinking

中国友谊出版公司

Deep Thinking

“快速工作法”“快速PDCA法”“超级时间压缩法”……以往这些工作方法，都无一例外地特别重视“快速”这两个字，正所谓“天下功夫，唯快不破”，即便你想要强化自己的思考能力，也不会留给你进行深度思考的时间。

正因为我们越来越没有“可供深度思考的时间”，我才希望通过本书让你体会到什么才是“深度思考”。当你了解了深度思考的概念后，就能养成思考的意识。一旦这种“深入思考的能力”得到了增强，任何难题摆在你面前时，你都不会轻易地放弃思考——想着“就当是知道了”而不了了之——你会让你的思维朝着“理解”的方向更进一步。

出于这样的想法，我想把本书的所有内容献给“会思考的芦苇”[1]们。

[1] “会思考的芦苇”一语出自法国哲学家、数学家、物理学家、思想家帕斯卡尔，原意为“人只不过是一根芦苇，是自然界最脆弱的东西，但他又是一根会思考的芦苇。”——译者注

目 录

Contents

第 2 章

故事思维：用深度思考讲出好故事

第 3 章

过程思维：提升能力的关键武器

第 4 章

减法思维：如何跃迁为一个高段位精英

前　言
你还在进行“浅思考”吗

“头脑聪明”是指能进行深度思考

本书主要谈的话题是“深度思考”，希望通过这本书能增强你“深度思考的能力”，这是我撰写本书最大也是唯一的目的。

在大学里，我经常会给学生们出考试题。

常常会有人这样对我说：

“京都大学的学生都很聪明，这样一来，作为老师，出题目就会变得很有难度了吧？！”

每次听到这样的话，我都会感到一丝丝别扭。

因为，我心里总抱有这样的疑问——能考高分的人，就一定是真正头脑聪明灵活的人吗？

我在心里试着分析这种违和感和疑惑，最终我得出了这样的结论：

所谓的“头脑聪明”，应该指的是“能进行深度的思考”。

一个人头脑的聪明程度，不能以考分高低来衡量。

当然，试卷上的题目都是学生经过不断深入思考才答出来的，而且作为教授，必须确保试题的难易度，从而准确地衡量出学生的学习水平。

但是，如果你问我，能否通过出题时的反复斟酌，就能保证 100% 检测出学生的聪明程度，我内心的真实回答是“No”。

头脑的聪明程度无法用分数来衡量。因为深度思考本身就不是绝对化、数值化的。

令人意外的是，这种“考试得高分＝很聪明”的观念却如此深入人心。

其证据之一就是社会上普遍有这样一种看法——名牌大学的毕业生（考试得高分的人）都是头脑很聪明的人。

甚至还有很多商务人士虽然早已过了上课考试的年龄，但他们仍然会选择报班学习外语、MBA 等考证培训，以图通过学习来提升自己的“分数”。

如果想考高分，就必须通过“学习”向大脑中灌输海量的知识，一旦进行深度思考则会让灌输过程的效率降低。因此，我们与其花时间琢磨“真的是这样吗”，不如把试题集里的答案和解题方法，都囫囫吞枣式地背下来，以求在数量上获得满足。其结果就是让我们很容易忽视深度思考。

可是，无论是在工作上，还是在生活中，深度思考都是一件很有意义的事情。

能够进行深度思考是头脑真正聪明的表现，也是一个人最强的实力。

我并非否定那些考试取得高分的人，而是希望大家不要再把关注点集中在考高分上，应该让自己养成深度思考的意识，并提高深度思考的能力。

对深度思考的思考

那么，到底该怎么做才能培养出“深度思考的能力”呢？

如果你想走得更快，就得学会跑；如果你想变得更有力气，就得接受身体力量的训练。同样的道理，**如果想拥有深度思考的能力，你就要让自己不断地深入思考，再思考。就是这么简单。**

不过，令人不可思议的是，市面上有很多宣扬思维方法的书籍打着“只要掌握了书中的方法，就能提升思维能力”的旗号，都在说“不需要进行实际的思考，只要掌握了某种‘思维模式’就能提升你的思考能力”，听起来就像是“思维的兴奋剂”一样。但是，我认为这样的做法是有失偏颇的。

说到底，这种“思维的兴奋剂”是否有效还是个疑问。即便我们假设其是有效的，但能否一直持续下去还是个未知数。

总之，我坚持的观点还是**如果要掌握深度思考的能力，就要不断地进行深入思考。**

“思维的兴奋剂”之所以如此流行，归根结底是因为我们为了换取“速度”而放弃了深度思考，但是我仍然希望大家能记住这句话：

为了培养思考的能力，请给自己留出思考的时间。

不过，“可供思考的时间”并不需要我们在时间的分配方式上下功夫，或是去学习时间管理法。

我们所需要做的就是**了解“思考”这件事的价值所在。**

无论你每天多么忙碌，一定要停下脚步读一读本书，将它当作一种“思维的运动（thinking sport）”吧。

“反应迅速”真的就是思考后的结果吗

我在前面已经说过了，很多人认为“考试得高分=很聪明”，其实，在我们的日常生活中，还存在着另一种误解——“头脑聪明等于反应迅速”。

我们来看下面这样的场景：

“针对这次的企划方案，你们都谈谈自己的意见吧。”

上司首先抛出了问题，A 马上就接话道：“这次企划案的主要内容是 ×××，我对此是这样想的……”

B 在听了 A 的意见后，也马上阐述了自己的见解：“A 刚刚说的意见，我认为应该是……”

而一旁的 C 则一直保持着沉默。

上司于是催促他：“C，你是怎么了？”

“啊，我在想……”C 回答的内容也很不明确。

C 总是不发言，让周围的人都感到很焦虑。

如今大家都很忙碌，所以时间是很宝贵的。如果与会者很重视意识的作用，就会觉得“开会就是耽误时间，只有那些抱有创新想法的商务人士，才不需要在工作上投入太多时间”“灵感才是最重要的东西”，然后会非常生气——“C 这样的表现不行。他是整个公司里工作效率最低的职员，会影响其他人的工作积极性”。

那么，如果我问大家：A、B、C 三个人里，到底谁才是头脑聪明的人呢？恐怕选择 C 的人寥寥无几吧。

“即问即答”并不能培养思考的能力

可以想象，认为“A 头脑聪明”的人会占大多数吧。理由是 A 能够针对问题很快地做出回答，所以他的反应很迅速。

在提倡“速度至上”的当今社会里，这绝对被视为一项优点，因此，无论问什么都能立刻回答上来，才会被人称为是“头脑聪明”“脑子转得快”的人。

但是，**无论你回答的速度多快，你所给出的答案可能也并非是正确的。**

A 能够“即问即答”的确可以说是脑子转得快，但是，他是否真的经过了深入思考可就不一定了。

“面对上司的提问，最好能马上回答”“无论怎么样，都要先给出个笼统的答案”，这些只能算是脊髓反射式的行为而已。

也就是说，A 也存在着没经过深度思考的可能性（不过，如果是只存在一个“正确答案”的猜谜游戏，当然是最快回答出来比较好。关于这一点，我将在后文阐述“认知”与“认识”的区别时进行分析）。

除此之外，我想也会有人认为“B 最聪明”吧。

因为，上司要求就企划方案阐述意见时，其实并没有一个“正确答案”，所以，是单纯地阐明自己的意见，还是回答上司心里想要听到的那个答案呢？抑或，结合当前的状况、上司的性格、职能范围给出一个“最优解”呢？

在实际工作中，我们经常会被要求给出一个“最优解”。B 结合了上司的意见和 A 的发言所给出的答案，属于“最优解”的可能性是很高的。

深度思考是一种注重过程的行为

所谓的“最优解”一定是经过深度思考后得到的结果吗？

深度思考其实是一种过程，未必能得出“最优解”。

我们越是进行深入的思考，就越是会考虑各个要素。当然，我们在思考“最优解”时，也是一个与之类似的过程。只不过，对于各方面的考虑，往往都是简化了的。

商业管理领域所说的“最优解”并非是学术用语，更像是对某次郊游的感想，先设想好可能的答案，再修改一下就写出来了。也就是说，当老师叫你写一篇关于这次郊游的作文时，你会写：“这次郊游去了三十三间堂[1]，玩得非常开心”——这就是商业领域所谓的“最优解”。

这样比喻虽然有些不恰当，但是“郊游＝深度思考的过程”本身并没有在文章中被真正地体现出来。

一般来说，人们都是通过分析历史数据和当前状况推导出“最优解”的。但在我看来，这不过是单纯的数据分析而已，并不算是“深度思考”。尽管这样做能在当下起到一定的效果，但并不能锻炼你的思考能力。

因此，提出了“最优解”的B也存在着没有经过深度思考的可能性。

[1] 三十三间堂是日本古建筑，位于今京都市东山区七条，是日本天台宗寺院，以供奉一千尊观音雕像而闻名于日本。——译者注

思考是一种很容易丧失的能力

我们总是在不经意间接受了“反应迅速 = 头脑聪明”的定义，于是不断地追求速度和便捷。

“便捷”的事物总是与“快速”有关，人也好、电脑也好，不需要怎么费事就能非常快速地给出答案的，我们便会觉得“这是好用的”。

从京都府走到东京要用10天，然而乘坐新干线只需要3个小时，因此我们坚信这是“好东西”。

原定需要用60分钟写完的期末考试题，有人只用5分钟就答完了，于是大家就会称赞“好厉害”；如果电脑程序因为故障死机10秒钟，就会引来人们的抱怨——“太慢了”。

可以说，世界就是在“更快速、更便捷”的想法之下，不断发展壮大起来的。但与此同时，我们也“丢掉”了很多重要的东西，其中之一就是深度思考。

让我们回到先前的问题上，C最后回答“啊，我在想……”并没有在说谎，他真的是进行了最为深入的思考。

C为了想出答案，需要花时间思考。还有一种可能是，无论他怎样深入地思考，最终都没有得出一个答案。这就好像在“思考的海底”进行潜水，最终找出的那个“答案”也许并不是正确的。

但是，除了“答案”以外，“深度思考”也能诞生出其他的价值。就像本文中所说的那样，在以后的生活中，**唯有深度思考的过程，才**

能让我们发现"真正的问题"以及"新的解决办法"，所以，我认为这个过程本身也是有价值的。

在提倡效率的时代，有人肯定会质疑"为什么要进行深度思考呢"，也会议论"比起思考能力，判断力更加重要吧"。

但是，作为原AI（人工智能）研究者，在我看来，**这种深度思考的能力才是人类最大的个性与优势。**

基于"只有立刻给出回答才能完成工作""思考是一件既麻烦又不擅长的事情"等理由，人们越忽视"深度思考"这一人类与生俱来的个性与优势，离"头脑聪明"就越远。

当人们称赞"工作得力的人""优秀的商务人士"时，其中肯定也包含了"头脑聪明"的意思。但遗憾的是，如果仅仅是从"分数至上""速度第一""追求便捷"的角度来说，反而是让人与"聪明"二字渐行渐远了。

重新找回思考能力

我们生活在一个过分沉溺于便捷性的世界里，人们已经习惯了那些下意识就能做得很好的事情和"一下子就能完成"的事情，一味地追求提速而不再去进行深度思考。

当我们不再思考时，也就意味着我们不再愿意进行深思熟虑。

在京都大学，有很多人会沉迷于独特而有意思的事物，有时我也是他们中的一员。因为我所研究的问题大都是那种让人感觉“不方便”或是“带来困惑”的。

我是学工科的，年轻时也曾坚信“工学的宗教”，即一定要做出最便利的东西，后来我之所以开始研究AI，正是因为我认为它对人类来说将是一个最便利的工具。

但是，我的导师却告诉我：“今后将会变得更加‘不便’啦。”

“不便”正如字面意思，是会让人感觉不够方便的一种状态。

虽然我一开始很不认同导师说的观点，但当时我还是个毛头小子，只能默默接受这句话。后来，我进入了京都大学研究生院信息学研究科，在名为“共生系统论”的实验室里一直工作至今。

整个世界正变得便捷化，而我却选择了反方向，在“思考”这件事上投入了大量的时间，结果出人意料的是，这让我每天都有新的发现，每天都过得非常有意思。

具体如何，我将在后文中详述。总之，我在研究AI时所获得的知识与深度思考，这二者的关系就像硬币的正反面一样，真是太有趣了。

“这也是因人而异的吧。对有些人来说，深度思考也许就是一件有趣的事情。”

“深度思考是只有人类才能做到的事情吧……”

“不断进行深度思考，能够磨炼人类所特有的思考能力，从而变成真正意义上的‘聪明人’。”

正是出于这些想法，我才动笔写了这本书，希望各位读者能**通过不断深入的思考，培养出思考能力**。

在本书中，还会给你推荐一位"学习深度思考之路上的伙伴"——铅笔。

头脑中的思绪是难以被看见的，所以人们在思考问题时，会选择用说话或文字的形式表现出来。虽然这两种方式都没有问题，但是说话需要有一个谈话的对象，而我们可能时常要面对"独自一人思考"的局面，因此如果我们一直嘟嘟囔囔地，肯定会惹来周围人的白眼吧。况且，从嘴巴里说出来的话，说完也就消失得无影无踪了。

所以，用铅笔写下来的方式，才是我们进行深度思考时的最佳伙伴。不仅仅是这种行为本身，实际上"铅笔"这一物品的存在，也是在向我们展示着"何为深度思考"。可以说，铅笔本身也是一件由很多"深度思考后的结果"堆砌起来形成的不可思议的物品。

·商务人士选择用铅笔做记录，而不是用更方便的圆珠笔或自动铅笔，是因为这样能给人一种"工作能力很强"的感觉。

·即使已经踏入社会，还选择用铅笔作为书写工具的人，会给其他人一种"有想法"或"有自我观点"的感觉。

·一边谈判，一边在草图本上用铅笔做记录或是画草图，会给人一种"值得信赖"的感觉。

那么，为什么会产生这些感觉呢？其实这其中就隐藏着**强化思考能力的小秘诀。**

“铅笔”与“思考”乍一看是毫无关联的两种事物，但在事物的表象之下，则有着其相互共通之处，并且由此可以推导出普遍性的法则，二者正是因深度思考而产生了交集。

接下来，我将以“铅笔”为话题，通过分析开启“思考之旅”吧！

京都大学设计学联合特任教授

川上浩司

序

什么是“深度思考”

——了解“深度思考”的本质——

“思考”与“深度思考”的根本性区别

在我们与铅笔一起踏上这趟“思考之旅”之前，我希望大家先想一想，**到底什么是“深度思考”**？

“何谓‘深度思考’”——这也是本书内容的重点所在，通过对这一点的认识，我们可以深化自己的思考，做好事前的准备工作。

“思考”与“深度思考”之间到底有何区别呢？

我们每天都在不停地思考。例如，在早晨上班的车上，你会想“今天车上这么多人，是不是哪里发生事故了？”“真是这样的话，电车可能会晚点。到站下车后还是赶紧快跑吧！”像这样在你的头脑中会浮现出各种“话语”。

那么，这些头脑中浮现的话语能算是深度思考吗？

再比如，对一项重要的工作，你通常会怎么想？

“对这项工作，我要绞尽脑汁、彻彻底底地思考一番。”

“通过深思熟虑，我终于想出了一个最佳的答案。”

你最近有没有类似的实感呢？

“从前几天开始就一直花时间反复思考”，我想现在能做到这点的人可能不多，大部分人还是像前文中A和B那样只想迅速地给出答案吧。

在我看来，**花时间反复思考的行为，可以解释成“recognition=认识”**。

也就是说，**这种认知的过程，实际上是将眼前的事物与我们心中已经存在的某个概念等价对应起来，通常我们思考的过程几乎都是这样。**

由于我们心里先有了“道路拥堵 = 事故”“道路拥堵 = 晚点”的概念，所以，我们看见“道路拥堵”的状况，正好就符合了心里已知的概念。换句话说，就是在我们的头脑中进行了“再次（re）+确认（cognition）”。

极端点来说，这种行为只是想将眼前的事物与我们所知道的答案匹配起来而已。

因此，如果我们只是这样进行思考，并不需要花费多少时间，但带来的负面影响就是，很难产生出新的想法。

所以，仅仅是头脑中浮现出这些“话语”，并不能算是真正意义上的深度思考。

深度思考的重点在于过程

深度思考则是一个完全不同于思考的过程。

深度思考就是指当眼前出现的是未知事物时，我们会在头脑中反复思考“这是什么”，最终在心中形成一个全新的概念。

此外，**即便是面对已知的事物，我们也会选择思考和发现其崭新的一面，这同样属于深度思考。**通过这一过程也能促进我们思维的转换。

假设你看见了一种未知的生物。首先，你想到的肯定是把它与自己心中已知的概念相匹配——“这是狗，还是猫，抑或是狸？”——这个过程只能叫作思考。

当这些概念都与你已知的不符时，你可能就会尝试从各个角度进行观察，甚至鼓起勇气去抓住那个生物，然后闻一闻它的味道，或者通过各种试错来弄清楚“这到底是什么”。

也就是说，对于这个未知的生物，你会深入地思考再思考，一边寻找它与已知内容的共同点，一边尝试看有没有新的发现。然而，要做出新的发现可不是一件简单的事情，有时你不得不走弯路和犯错误，糟糕时还会遇到“走进死胡同，再退回来”的窘境。因此，这个过程很费时间。

可是，经历这番过程后，结果很可能是你发现这是一种全新的动物。

我把这种“认知（cognition）”解释为“深度思考”。

“试错”就是指为了加深思考而犯的各种“思考上的错误”。换言之，“深度思考”就是凭借一己之力做出属于自己的新发现，并不断积累的过程。

深度思考就是一种在不省略思维过程的前提下充分思索，从而产生各种新发现并推导出属于自己的答案的行为。

一旦这种“发现的回路”在大脑中成形，我们就会自然而然地进行更多的深度思考，强化自我的思考能力。换句话说，以往那种“不善思考”的意识将会被淡化，培养出一种能够沉下心来彻底思考问题的素质。

潜入到思维的最深处

虽然我还会在第 4 章中作详细的阐述，但在这里我想告诉各位读者的是，作为一名曾经的 AI 研究者，我曾经尝试“设计”如何能让计算机学会深度思考，但我发现这是一个大难题，因为无论技术上多么先进，我们也无法让计算机具备思考的能力。

当你购买了计算机后，操作系统里就预装有浏览器、Excel、Word、电子邮件等软件。同样的道理，**人类的大脑自出生之日起，就自带深度思考的功能。**既然这种能力是如此宝贵，我们最好还是利用起来吧——这也是一种理所当然的想法。

作为工科的研究者，我深知让 AI 掌握深度思考的难度之大，所以我才会产生“人类明明已经具备的思考能力，如果不用起来就太可惜了”这样朴素的想法……

也许，你对研制AI技术没什么兴趣，但是对于“已经具备思考的能力，最好用起来”这一观点，你和我应该是没有分歧的吧。因为人类有一个共通之处，即对于自己正在做的事情或者‘活着’这一过程，都有着实际的感受并且会进行相应的思考。

假设你的理想是成为一名漫画家，那么，让AI来替你实现这个梦想会怎样？当你早上起床时，AI就已经替你画好了一部完美的作品，而这就是“你的作品”。

可是，你会因此产生愉悦吗？或者你会产生“绘画技术变得更成熟了”的实感吗？

换句话说，当你亲自绘制漫画时，就会意识到这是一项“任务”。

你要设计情节，思考如何划分格子，还要决定登场的人物……也就是说，最终的作品是**你经过了一系列的认知和思考之后形成的结晶，**而绘制漫画只不过是表现思考的具体形式。

首先对某项任务产生认知，然后在各个方面展开“思考的过程”——在最初的阶段的确会很耗时间。可是，如果你的头脑中对这项任务没有认知，也从未进行过思考，那么你绝对不可能获得“制作出了什么”的实感，也不会有工作后的喜悦，甚至对“活着”的感受可能也会变得单薄。这些情感上的反应，恰恰提醒着我们在“思考”

这件事上的缺失，所以一定要加以注意。

因此，我希望大家不要只是泛泛地读本书，而是要一字一句地品味斟酌，如果遇到拿不准或难以理解的地方，也可以暂时停下来多进行思考（这里或许也可以用“想象”这个词）。

深入地思考再思考，潜入到思维的最深处，有时还会屏住呼吸，甚至睡梦中都在进行着深度思考。我认为这才是最了不起的事情，只有这样才能让我们具备“坚持彻底思考的耐力”。

“流水线式生产”会阻碍我们深度思考

不愿意思考就匆忙采取行动，可以说是一种放弃自我的表现。

在工作中，我们经常会陷入放弃自我的独立性，完全听命于某人意愿的情况。仔细想来，这难道不是十分可怕的吗？

我的导师常说的一句话是：“**‘单元式生产’**才是最不方便的。”

工厂中采用的流水线式生产，就是将生产任务进行细分。如，A的任务是将这个螺丝拧紧，让这个零件与那个零件牢牢固定住，做成一个基板；而B的任务是将这个弹簧安装上去，使这个部分变成可动的即可……像这样，把这些任务汇总到一起就完成了一件产品的生产。这就是所谓的“流水线式生产”。

产品缺失任何环节都会变成次品，但对于从早到晚只是“拧紧螺丝”的A来说，他并不会对此有任何实际的感受。

如果一直重复相同的工作，A确实没必要对每个环节的任务都有所意识，也无须思考“为什么要将这个螺丝拧紧”。对B来说也是一样的道理，两人都不知道自己完成这项任务的意义，只是以一种“姑且当作了解了”的态度行事，但实际上却什么也不知道。

总之，**对于手头的任务，为了不进行过多的思考而以“姑且当作了解了”的态度行事，就等于是放弃了自我。**

反观“单元式生产”意味着所有的环节都由一个人完成。由于从始至终都需要同一个人参与，所以对于各环节的意义也就更加心知肚明了。“接下来要处理这个螺丝，如果不拧紧就会影响下一步安装弹簧”“此处零件的结合程度直接关系到成品的完成度”，像这样，当事者就会在工作中不断地进行思考。这与前文所述的“绘制漫画的流程”是一样的。

“流水线式生产”与“单元式生产”相比，自然是前者更加便利，所以，现在几乎所有工厂都采用“流水线式生产”，点心、罐头、服装……凡是大批量生产的产品都是用这种方式。

但商务人士肯定不愿意以流水线的方式工作。至少，有些人不想真的变成“不用思考的齿轮”吧。

可讽刺的是，为了追求更高的便捷性和效率，很多商务人士恰恰是以流水线的方式处理每天的工作。表现之一就是，业界现在不再看重个人撰写商务文书的能力，而是把无须思考就可以直接套用的结构化内容当作一种商业技能来夸赞。

结构化会使效率得以提升——越来越多的人这么认为，整个社会就逐渐变得“很难再进行思考”。

也许正因为如此，我的导师才希望人们能敢于采用不够便利的“单元式生产”重新找回人类思考的能力。

千万不要做立刻就付诸行动的人

如果你一直被教导“要成为一个‘立刻就付诸行动的人’”“行动比思考更重要！”“如何实践才是关键所在”，那么你要加以注意了，这种“行动主义思想”会让你轻视思考的作用，从而失去自我的独立意识。

虽然我的研究领域是设计学，但目前业内比较盛行的观点是：在产品开发环节，最重要的是做出“快速原型（rapid prototyping）”。也就是说，不用思考太多，而是“先试着把样品做出来”。

可是，我还是希望大家不要忘记进行深度思考。在开始试着做样品前，先花些时间详细了解有关设计对象的事项。

总之，**大家都一致采取“行动优先于思考”方式，在设计学的观点看来也是很省事的。**

对于“实践先于理论”这种标语，如果你信以为真，可就危险了。

“先试着去做一做，总会有收获的吧”——这不可能算是一种绝对正确的法则。把“行动强于思考”写在网站上或者印到T恤上，总会给人一种酷酷的感觉，但是在实际工作中，你可千万不能盲目地相信这句话。

当然，如果你真的花时间进行了深度思考，并亲自验证，得出“最好别多加思考，还是直接付诸行动吧”的结论，就另当别论了。

可是，如果你仅仅为了图省事而不愿意思考，“好像在哪本书里提到过”“好像在某个讲座上听到过”——基于这样的理由，无论别人说什么都完全听信，然后一心一意地朝着那个方向迈进，就等于是放弃了深度思考的能力，也放弃了自我的独立性。

“能进行深度思考的人＝头脑聪明的人”，如果按照这个公式反推，你越是不愿意进行思考，你的头脑就会变得越发空空如也，最后你只能是一个行动迅速的人而已。

但是，这对于管理者来说却是有利的。假设你是一个领导，而下属是行动迅速的人，你会不会感觉管理起来特别轻松呢？因为你的下属从来不会有“为什么要做这件事呢？”“用另一种方法会更好吧？！”类似这样的疑问和抱怨。

只不过，这样的员工自己是否会感觉到幸福呢？我对此表示否定。另外，这样的人（员工）是否就是全社会所需要的“工作能力强”的人呢？我想，大家也都会摇头的吧。

如果要做出预料之外的成果，就离不开思考的过程，而且还要融入自我的独立性。

从这个意义上说，那些常常被夸奖“工作做得很快”的人不能因此沾沾自喜，而是要以此为契机，更多地反思：“我能做到深思熟虑吗？”

深度思考可以催生出独特的答案

经过深度思考得出的答案或想法可能是稀有的、不一样的、独特的。也许具备这些要素的思想结晶并非是“正确答案”，但**“独特性”却是“有价值的答案”所不可缺少的一大要素。**

英文单词“unique”即“独特性”。从单词的前缀“uni”来讲，在日语中是“单一的”意思，也可说是指特有的、仅此一个、独一无二的事物。按照这个词的定义来讲，在这个世界上，无论多么特别的事物，都不应该同时存在两个，否则不能称其为“独特”了。

不过，一般我们说某个事物“稀有”“不一样”的时候，哪怕这世界上还有10个、100个甚至1000个，只要它们给人相似的感觉，就仍可以说是“独特的”。

人们很难给出这个世界上独一无二的答案。但是，只要敢于在这个快节奏的时代里，通过不断地深入思考，再结合自我的独立性，我们就都可以得出“稀有的、不一样的、独特的答案”。

否则，如果我们给出的是实际上已经存在的想法，或者其他人也能想到的答案，那就失去了动脑筋思考的意义。

给出独特的答案（或者说一个方向），是我们进行深度思考的重要目的之一。

钻石之所以有价值，不是因为它坚硬或者闪闪发光，而是因为它是一种十分稀少的矿石。如果我们常见的花岗岩也变得稀少，说不定它的价值同样会变得十分昂贵呢。

有时，不断地思考再思考的过程比“正确答案”还有价值，我们的目标是要找出“独特的答案”。

深度思考的结果可能是让我们发现了一些“碎石子”或“石块”，但是这些却有可能比“钻石”更有价值。说一个我身边的例子吧，是发生在京都的事情。岛津制作所的研发工程师田中耕一，因为发明了“对生物大分子的质谱分析法”而获得了诺贝尔化学奖。这个发明之所以成功，竟然是因为他在实验的过程中弄错了操作步骤偶然间诞生的。

但是，他并没有仅仅将这次实验视作失败，正因为对实验过程的这种意识，让他能对这次“失误”展开了思考，从而得到了“成果”——这正是因为田中耕一从失误中产生了新的发现。

我想，这就是让“碎石子”或“石块”变得比“钻石”还有价值的一个例子。

深度思考的行为，有时能让我们发现比“钻石”更具价值的“碎石子”或“石块”，也能让我们推导出除了“钻石”之外新的“正确答案”。

尽管人们对于“如何系统化工作”的呼声很高，但商务人士所寻求的往往是“全新且独特的答案”，也就是说既能解决课题或问题，还具有独立性和创造性的标签。大部分人仍会把这视作“聪明人的答案”吧。

为了得出“聪明人的答案”，我们最好是先想出各种各样的假设，然后再从中选出一个“最佳答案”，这样比冥思苦想出一个“正确答案”要容易得多。

我在这里想说的是，**如果缺少了“深度思考”这个步骤，我们就不可能想出多个有效的候选项。**因为迅速地给出答案，并且是“唯一的一颗钻石”的概率可是相当低的。

另外，进行过深度思考的人所给出的答案，常常是混杂了沙子、石子和破瓷片等各种碎块的集合体，其中可能混有钻石，也可能没有。

但是，包含“独特答案”或者“钻石”的可能性，就只能是隐含在“集合体”中。

“无遗漏、无重复”的思考陷阱

一说起“想出多个候选项”的话题，就会涉及很多“问题分析法”中常会提到的“无遗漏、无重复”的思维方式。

这也被称为“MECE 分析法[1]”“排他法”“网罗法”，在分解和分析课题或问题时会用到这些方法。

举个不太准确的例子，若依据“血型”将客户分为 4 类，就是一种“无遗漏、无重复”的分类方式，但如果按照“喜欢体育，还是喜欢电影”进行分类，那么，两者都喜欢的人就属于“重复”；而两者

[1] MECE 分析法，全称 Mutually Exclusive Collectively Exhaustive，中文意思是“相互独立，完全穷尽”。对于一个重大的议题，能够做到不重叠、不遗漏的分类，而且能够借此有效把握问题的核心，并得到解决问题的方法。这个方法是麦肯锡的第一个女咨询顾问巴巴拉·明托（Barbara Minto）在金字塔原理（The Minto Pyramid Principle）中提出的一个很重要的原则。——译者注

都不喜欢的人就属于“被遗漏”。

实际上，无论我们多么注意“无遗漏、无重复”地思考，都难以做到100%无遗漏，同时对于是否重复也难以确认。既然完全做到“无遗漏、无重复”如此困难，最终结果就发展成“以速度为优先的考量”。

既然这样，还不如一开始就不要设定“无遗漏、无重复”，而是营造一个可以进行深度思考的心态不是更好吗？

我们通过深度思考，激发大脑的联想力，让思维逐渐横向扩张。

也许会出现“重复”，也许会出现“遗漏”，但这样更容易想出更多候选项，至少要好过被框架束缚。

深度思考能够更容易地产生出“集合体”，也就必然会提高从“碎石子”或“石块”中挖出“钻石”的可能性。

通过铅笔让思考具象化

可以说，深度思考就是强化对“过程（即思考）”本身的意识，通过收集“碎石子”与“石块”，从中发掘出任何人都未曾留意到的“钻石”。

在“理解”的前提下，我们才能踏上“思考之旅”。

不过，在正式出发之前，最后还有一点需要大家加以注意：本次的旅行中会有铅笔登场，当我们进行图形化的表达，或者说做笔记时，广义上来讲，这也是在进行一种“设计”。

因为，**在“设计”中凝聚了适用于所有商务场合的、能“打动人心”的精髓。**

这里所说的“设计”，是一种让人似懂非懂的抽象词汇。

也许，你会觉得“设计”是一些特定人群所做的工作——其实这是一种误解。例如，学者与“设计”的关系也很密切。比如，建筑领域的学者就是“通过对整个社区和街道的布局安排进行设计”的；经营管理者是对商业模式和服务进行设计；而教育者是对教学的课程进行设计。

英语中“design”一词的前缀“de”源自拉丁语，原意是“从”，与英语中的“from”“out of”意思相近。因此，对“design（设计）”的一种理解是“做出一个sign[1]”。顺便说一句，“设计学”这门学科在解决问题时，通常分为“计划”与“实行”两部分，其中“计划”这部分也被称为“设计”。

但是，我对此有稍稍不同的解释。“from sign”或“out of sign”表示的意思，可以理解为**“将头脑中的某个记号（sign），以具体的形状展现到现实中”**。

将头脑中的思考，转变为具象化的文字或是对他人说的话语。

这样想来的话，人类的行为全部都能视作一种“设计”。**实际上，当你想向他人进行表达并唤起其行动时，利用这种“设计”的思维方式就会特别有效果。**

通过使用铅笔“让思考具象化”，而我们的内心之所以能被其打动，觉得对方是一个“工作能力强的人”，其实也都是拜“设计”所赐。

[1] 这句话类似“成形”的意思。——译者注

这种“能打动人心的设计”的背后，存在着某种“法则”。

在接下来的第 1 章中我们就将说到，实际上“用铅笔做笔记的人”往往会被视作“工作能力强的人”，进而又能唤起人们普遍的一种“实感”。

让我们一起尝试用“铅笔”，了解产生这种“实感”的真相吧。只有产生了这种“实感”，才能打动人心，从而催生出行动。

通过观察一支铅笔，能让我们了解其中若隐若现的法则，这不由得也让人实际体会到“思考”的有趣之处。

序 要点

◆通过深度思考产生“新的认知”，即 recognition，是需要付出耐心反复确认，从而强化对“过程”本身的意识。

◆花一些时间进行深度思考，这样才能想出多个能解决问题的“有效候选项”。

◆不经过思考就马上行动，相当于放弃了人类所具备的“思考”这种独一无二的能力，所以要特别注意。

◆“设计”具有打动人心的作用，而铅笔则凝聚了“能打动人心的设计”的精髓。

第 1 章

笔记思维：书写记录，保留深度思考的精华

——关于“实感”与“物之原理”的深度思考——

用铅笔做记录，为文字注入了灵魂

不管对方是客户、上司，还是你的部下，当你们交流时，看到对方从容地拿出铅笔并开始做记录，你会做何感想呢？

是的，这个“铅笔”就是我们学生时代使用过的，用木头和石墨制成的铅笔，并非更加便利的圆珠笔或自动铅笔。

有的人会单纯地感慨：“咦？用铅笔做笔记的人，真是少有呢。”

也有的人会觉得：“对方一定是个很有能力的商务人士。”

还会有人发出疑问：“选择用铅笔作为书写工具，是出于某种目的或偏好吗？”

甚至有人会认为：“对方好像是一个很有创意的人。”

如果是我的话，看到对方用铅笔做笔记，会产生一种实感——他是在认认真真地记录我说的话。

铅笔虽然只是一种很简单、很原始的书写工具，但用它写成的笔记却能散发出一种手工制作的感觉，为文字注入了更多的“性格与想法”。

而且，铅笔也拉近了“正在说话的我”与“将我的话记录下来的对方”之间的距离。

虽然每个人的感觉都不尽相同，但对于“对方在认认真真听我说话”的实感，我想大家恐怕都是相通的吧。

用 PC 做记录缺少了一种温度

另一种情况是，双方在交流时，会遇到噼里啪啦敲击着键盘做记录的人。最近，这种场景很常见，说不定你也是其中的一员。

确实，为了之后可以将记录添加到电子邮件里，或者作为会议记录与他人共享，抑或是汇总成文件进行存档，再或者从一开始就以“数字化”的形式输入文字内容，这样比较方便快捷。

因此，有人认为这种行为是有合理性的。并且，比起手写的方式做记录，在 PC 上打字输入的方式效率更高、速度更快。

如果我正在跟对方说话，而对方却在一直打字记录，总会令我产生某种异样的违和感。这么说也许不太准确，但我总感觉这种方式与用铅笔相比，缺少了一种“温度”，让人感觉像在冷静地做判断。

由于对方使用的是电脑，所以我们无法看见对方输入了什么内容，也无法了解对方在思考什么，由此我们的内心会产生不安与困惑——“对方只是装作在听的样子，实际上却是在思考其他更重要的工作吧……”

现今，很多学生都会使用笔记本电脑或平板电脑做记录，这让很多教授变得越来越困惑。要我说，出现这种情况真是够悲哀的。

但是，我想弱弱地提出这个观点：**相比用 PC 做记录，用铅笔做记录的方式更能给人一种信赖感。**这是有依据的，因为铅笔与 PC 有着本质性的差别。

开门见山地说吧，铅笔是基于**“与物的约定”**书写文字的；而 PC 则是基于**“与人的约定”**输入文字的。

“与物的约定”和“与人的约定”，也许这两个概念对你来说还不太熟悉，所以，我们的思考之旅就从这里正式开始，让我们先来弄清楚二者之间的巨大差别吧。

用铅笔做记录，融入了“与物的约定”的信赖感

一支铅笔可以分解成外部是用木头制成的笔杆，与中间用石墨和黏土混合制成的笔芯。如果石墨的占比较大，笔芯就会比较软，写出来的颜色会深一些；相反，如果黏土的占比较大，笔芯就会比较硬，写出来的颜色也会浅一些。

“用铅笔写字”可以理解成将铅笔中的石墨，转移到纸张上的一种行为。简单来说，随着我们不断地书写，笔芯会在纸面上移动并留下黑色的笔迹，而且笔尖会逐渐变圆滑，铅笔也会越写越短。

这是我们通过肉眼就能观察到的**物理现象**，也是**支配着我们所生活的世界的绝对法则**。“物理现象”就是指在自然界中我们绝对不可能违反的法则，即我们通过身体实际体会到的“与物的约定”。

所有物体都受到与自身重量成正比的力的吸引。我们之所以没有在宇宙中飘浮，是因为我们都被地球所吸引着。

普通人会将这种自然法则理解为“万有引力定律”，专家学者则明确地将其视作“物理学”中的一种法则。

而幼小的孩子则通过自己的实际体会，将这种现象理解为“我们可以站在地上，而不是飘到空中”“越是重的东西，越要使劲才能搬动”。

由于这种“与物的约定”在世界上是绝对不会被违反的，所以也被称作**“物理（物之原理）”**。

除了“与物的约定”之外，还存在另一种带有人为力量或想法的**“与人的约定”**。

像“安全”“品质”“永恒的爱”等概念都可以纳入“与人的约定”的范畴，同时这些也是有可能被破坏的事物。与之相对的“与物的约定”，则属于这个世界上相对稳定、不会被违反或破坏的约定。

用铅笔写字、做记录就是一种立足于“与物的约定”的行为。石墨在纸张上移动——看着这一现象，我们会有一种**“绝对不会被违反的约定”正在上演的感觉**，这就是一种“实感”——我们表达的内容，就在自己眼前被即时书写、记录下来。

当看到对方用铅笔做记录时，我们会觉得“这个人，也许值得我信赖”。对于生活在“物理”世界中的人来说，这是一种理所当然的情感，同时也是为何“用铅笔做记录的人”会令我们产生信赖感的主要依据。

实感较淡薄的“与人的约定”

文字本身属于“与人的约定”范畴。

日语中假名“A（假名 A）”该发什么音、该如何使用、具有什么含义等，这些都基于人为设定的规则，对于不懂日语的人来说就毫无意义了。此外，对于由“A”与其他假名组合构成的“爱（AI）”“赤（AKA）”等单词也是同样的原理。

虽然文字属于“与人的约定”，但当我们将注意力放在“用铅笔书写”这一行为上时，就属于完完全全的“与物的约定”。当你想要写出一个“A”时，只要手握铅笔按照这个字形来运动，就能在纸上留下“A”的笔迹。在这个动作过程中，并不存在所谓“与人的约定”。

而当你在 PC 上打出“A”这个字时，就会涉及“与人的约定”了。

因为敲下键盘上的“A”就会在屏幕上打出“A”这个字的设定，就属于“与人的约定”。如果想得再深一层，我们之所以能打出“A”，都是由程序命令决定的，这当然属于“与人的约定”。

使用智能手机的输入法也是同样的道理。用点击按键的方式就能显示出“A”——通过这种“与人的约定”来让我们打出了“A”这个字。

语音输入也好，平板电脑上的手写笔输入也好，这些都是基于程序设定来实现的。换言之，这些都是通过“与人的约定”来输入文字信息的。

上述两种记录方式有着天壤之别。

当我们用铅笔做记录时，我们所说的被对方原封不动地接收，然后对方用铅笔在纸上写下来。这整个行为属于“与物的约定”。

而用 PC 做记录时，我们说完“A”后，假设对方也是原封不动地接收了这一信息，但他却需要依照设定好的程序命令，以“按下按键就能打出‘A’”的规则来输入，这个过程就属于“与人的约定”。虽然最后记录下了“A”，却不属于物理的动作。

而且，被记录下的“文字”是被数字化的“与人的约定”，而非用石墨在纸张上移动书写的“与物的约定”。

对于不确定的事物，我们的内心总会产生一丝违和感和不信任。

而我认为，**用 PC 做记录会让我们产生违和感的原因，就在于“与人的约定”所带来的不确定性。**

尽管我在环境相对简单的大学执教，也知道一些商业社会中处处都是涉及“与人的约定”的事情。比如，预约会面、签订合同、金钱交易等。再如，你与现在所在公司的“雇佣关系”就属于“与人的约定”，而“按劳取酬”也属于“与人的约定”。这些同“与物的约定”相比，都不是保持不变的。

在充满各种“约定”的职场中，因为用铅笔做记录的行为融入了“与物的约定”会意外地增强他人对你的信赖感。

不知不觉选择用“浅思考”

《哆啦 A 梦》中有一集故事是说，在未来世界，人们坐在宇宙飞船里，可是宇宙飞船的控制系统突然出现问题，经过一番修理，到了最后的关键环节——只要能将数据进行减法运算，就能设定好飞船返回地球的轨道。可是在未来世界中，计算的事情已经全部由电脑做了。结果，没有一个人会做减法运算。

故事的最后，还是靠学习成绩很糟糕的大雄做出了这道减法运算题，才让飞船从宇宙中平安返回。

其实，这不再是故事里的情景，现今一些属于“教育较发达地区”的人就在大肆宣扬“只要会用计算器就可以了，减法运算也可以用计算器（机）完成，人们要更加注重学习思维方式”。

对错姑且不论，这种乍一看是要磨炼思考能力的观点，其实就是基于“计算器不会出错”前提的一种教育思想。其观点是基于计算器属于“与人的约定”，所以绝对不会出问题，这跟《哆啦 A 梦》里的故事不是一样的吗？

但是，这个世界上绝对不会被破坏的只有“与物的约定”或者说“物之原理”。正因为万有引力的存在，我们的地球才不会变得四分五裂，所以“与物的约定”是不可能被违背的。

可是，在此基础上建立起的“与人的约定”就不知道何时会出现问题了。

例如，我们认为“过山车是安全的”，所以很享受坐过山车的刺激感。哪怕是头朝下、脚朝天的状态，人们大多也只是会有一丝恐惧而已，心里还是相信不会有问题。而且有安全杆固定住肩膀与腰部，我们能更安心地享受坐过山车的乐趣。

但是，依据“与物的约定”，所有的物体都是会向下坠落的，而“安全杆会牢牢地固定住我们”“没有问题，绝对不会掉下来”的想法，都只能算是“与人的约定”。因为这些都是人制造出来的装置。

所以，最终演变成对于“与人的约定，不管它会不会被破坏或被违背，姑且先相信”这样一种心理状态。

如果我们总是盲目相信“与人的约定”，不知不觉间就省略了对其思考的过程，也就错失了“进行深度思考”的机会。

iPhone 畅销利用了“与物的约定”

最近，出现了一种新型“与人的约定”，竟能惊人地模仿“与物的约定”——**“仿照与物的约定”**，并且开始变得越来越多了。

“仿照与物的约定”的代表就是智能产品。很多小孩无师自通地学会了使用智能手机或平板电脑，这真是令人感到吃惊。

看到孩子这样，成年人都会感叹“真不愧是天生的‘数码一代’啊”，但是这并不只是这一代人天生所具有的特性。

智能手机和平板电脑都是仿照“与物的约定”制造出来的设备。虽然双指放大图片的“人机交互方式”利用的是最新的科技，但也是人们最熟悉的动作。

所以，小孩只是以一种接近本能的方式在使用这些设备，但在大人们看来，他们却是在遵循着“与物的约定”。

iPhone 之所以能大卖，也是因为利用了人们“亲近物体”的习性。

为什么在电子屏上签名不像自己写的

让“与人的约定”无限接近于“与物的约定”，即**“仿照与物的约定”，可以影响使用者潜意识的思维，从而认为“这种方式十分自然，所以也很容易使用”**。

但“仿照与物的约定”不是100%立足于物理现象，所以和“与物的约定”相比，它所产生的“实感”会很稀薄，反而会导致我们产生强烈的违和感。

最近当我们使用信用卡时，需要在电子屏上签名确认消费的次数越来越多了。

虽然只是用触控笔在液晶屏幕上签名，但是我们写出来的文字却总是歪歪扭扭，怎么看都不像是自己写的。

签名的意义在于确认“这是由我本人使用信用卡进行的支付行为”，属于一种证明。万一信用卡被盗用，我们就能通过笔迹鉴定证明“非我本人所为”。

可是，当我们在电子屏上签名时，那个笔迹真是连我们自己都认不出来啊……

日本很早以来就有了“印章文化”，主要是在重要的合同等文件上盖章。技术不发达的时代就不用说了，就连现今，我们还是没有一个防范伪造印章的成熟技术。今天印章仍然被我们保留和使用，这与其说是为了证明，倒不如说是在延续着一种“文化心理”，即把印泥转移到纸上的“与物的约定”。

这么一想，签名与印章的道理是一样的。西方社会自古以来就形成了“在缔结的重要契约上签名”的文化，所以如果把签名（物理现象）的环节省略，就会感觉怪怪的。

目前，业界开发的新系统可以做到在不依靠“签名”和“密码”的前提下，也能防范对信用卡的盗用行为。所以“有个签名才保险（与物的约定）”等于是被计算机（“与人的约定”）所替代了。

不过，很多人已经习惯了有个签名才保险（“与物的约定”），所以，这被当作一种形式保留了下来。

一言以蔽之，在电子屏上进行数字化的签名仅仅是“签着玩”而已。

现在我们知道了“为什么要签名”背后的原因，但不管是多么巧妙的数字化签名系统，模仿终归是模仿。利用“与人的约定”制作出来的“仿照与物的约定”始终不能算真正的物理现象。

更何况，我们的签名经过数字化处理后，任何人都可以任意地进行复制操作。

因为“与人的约定”是可以被破坏的，所以也有可能不知道什么时候，系统就会出现问题或者故障，影响使用。

也就是说，一旦“与人的约定”遭到违背，我们的姓名与信用卡信息就很有可能通过数字媒介泄露出去。

养成“怀疑正确性”的能力

电脑变得越来越“聪明”，会让“与人的约定”所占的比重变得越来越大。这也就意味着，**“约定”被破坏时造成的影响也会越来越大。**

具备款项支付、与他人联络、信息记录、安排部署等功能的机器，如果某一天突然出现了故障，完全陷入“瘫痪”的状态而无法使用时，你能立刻找到替代品吗？你能想象网上银行和借记卡里的所有财产，突然有一天不翼而飞吗？

不仅如此，“问题”会继续蔓延到各处。

即便我研究的是“从‘不便’中产生好处”，也仍然会使用 PC（当然，手机我是不用的）。

即使是不会用电脑，也从未碰过智能手机的老年人，也会在家天天看电视吧。按下遥控器上的按钮，就能开关电视机和切换频道，这其实也属于“与人的约定”。还有平时经常使用的洗衣机、电饭锅等设备，也都遵照了“按下这个按钮后就会开始洗衣、做饭，直到完成为止”这样“与人的约定”的程序。

那些希望活得简单些的人，还有坚持“少用其他物品”的极简主义者，虽然会在生活中减少使用电视机、冰箱这种“便利性物品”，但他们还是会使用电脑在自己的博客上发布信息。

换个角度来看，虽然生活中减少了对一些物品的使用，但却全部转为对智能手机和PC这种有可能出现问题的便利产品的依赖了（从这个意义上讲，那些极简主义者虽然嘴上说着“不便没什么不好，反而才是最好的状态”，但是他们的内心却抱有完全相反的想法）。

上传到“云端”的重要文件，既摸不着，也无法加以确认。因为“云端”无法作为一个“实体”而被我们的肉眼看见。我们之所以能确认“文件就在那里”也是基于“与人的约定”，但“与人的约定”却并不能保证绝对的一如既往。

这是一个“与人的约定”已经渗透到生活方方面面的世界，并且不知何时就会陷入问题（状况）中。

我并不是在开玩笑，也不是危言耸听。我们今后就会生活在这样的世界里。不，我们已经生活在这样的世界里了。

因此，**我们要时常让自己停下脚步多思考，要对“与人的约定”抱有一种怀疑的态度**。虽然“试着去怀疑”听起来好像是很负面的想法，但其实**应该被当作一种常识性且正确的思考方法**。只有当你认识到了思考的价值，才会试着去做。

你也在通过“秘书”与人交流吗

如果你习惯用 PC 做记录，就会在不知不觉间营造出类似坐过山车忽上忽下（“与人的约定”）的“不稳定感”，因此一定要多加注意哦。

开会时姑且不说，如果当你与他人一对一会面时使用PC做记录，也许对方的潜意识里会认为：“为何要在你我之间加入‘与人的约定’因素呢？直接进行谈话不是更好些吗？”从而产生不安或不满的情绪。

再举个不恰当的例子，这就好像我与如今地位较高的老同学通电话，结果却出现如下的场景：

“我现在在东京呢，好久不见，咱们出来喝一杯吧。”我提出邀约，但是对方却说：“如果要预约时间，请与我的秘书商定。”此时如果是你，你会感到一种寂寞和悲哀吧，说不定还有一丝焦躁。

当你用 PC 做记录时，就有可能让对方产生这种情绪。

明明是一对一会面的情况下可以互相交流的对象，结果却不能直接进行沟通，并且要很公事公办地通过秘书来传话。

我们与对方通过“秘书”打交道，肯定会感觉到被蔑视了吧，并且作为商务人士这可不是什么交流的好方法吧。

若想逆转这种状况，我们就需要用到铅笔了。

你用铅笔写写画画的姿态，就不会带有“与人的约定”，而是直接给人以信赖感，并且毫不做作地传递出一种“温度”。

这种感觉就好像已身居高位的老朋友欣然答应了你的邀约：“啊，川上，你到我这里来啦。好，我马上腾出时间来见你。”

用铅笔手写做记录的行为正是基于“与物的约定”这一物理法则，才营造出了这种有温度的感觉。

对素数尺的思考

我平时总会深入思考“如何将‘不便’的好处具象化”，并为此不断尝试，其中一样物品——素数尺，确实做到了将我的“不便益”研究具象化。我统计了素数尺在京都大学校内的销售量，竟累计售出了 3 万多把（要知道，京都大学的学生数量，包括研究生在内，每年维持在两万多人）！

尺子原本是用来测量物体长度的工具。如果你想测出你现在所使用的铅笔的长度，就需要将尺子的一头与铅笔的末端对齐，然后再看笔尖所对应的刻度位置是多少，读取数值就可以了。这一系列的动作就是我们所说的“操作”。

平时我们在使用尺子时，并不会特别意识到“我现在要测量铅笔的长度”，整个过程中也没有太多的思考。也就是说，整个“操作”无须意识或思考，即便是机器人也能测量出长度。

但是，我所制作的素数尺，在刻度上只会标出质数（素数）。

例如，如果铅笔的长度刚好是一个质数的值，即 2cm、3cm、5cm、7cm、11cm、13cm、17cm，就可以直接通过刻度读数测得。但如果是长度为 4cm 的短铅笔，或者 15cm 的长铅笔，就没有那么简单了。你需要在头脑中进行减法运算才行，换言之，你需要对铅笔的长度有一番“思考”的过程。

总之，素数尺是把“测量物体的长度”这种原本只需机械地操作就能完成的工作，变得稍稍有些不便，以此让使用者意识到“尺子是将物体的长度转换成数字的一个装置”，然后再开始进行相应的思考。

“质数以外的长度，必须通过减法运算才能测得”这种“不便”，反而能让人意识到“我的任务是什么”，然后开始进行思考，从中获得益处。

素数尺为“测量长度”的行为注入了“进行测量的实感”。“实感”与“意识”相关联，而“意识”又与“深度思考”相关联。

深度思考可以理解成“对自我行为产生实感时所获得的益处”。能做到这一点的工具并不限于素数尺。例如，用铅笔写字时，因为并非下意识地记录，所以能产生“正在写字的实感”，以此为契机就能开启我们的思考。

书写能将我们正在思考、正在想的内容都呈现在眼前，而写字的人也必然会成为一个观察者。而且，这种观察的姿态也可以说具有一种“批判性的精神”，即让自己直面内心的所思所想。所以，“书写”这件事可以说是一种对思考的表达。

此外，铅笔与纸张也都蕴含着**由物理（现象）带来的实感**。总之，**仅靠手握一支铅笔，就能让我们同时获得“两种实感”**。

正因为如此，才让“铅笔”在这个追求便利与快捷的时代里依然闪闪发光。

这就好像钢筋水泥的都市中开放的一朵鲜花，抑或是大声宣誓“不要让‘与人的约定’介入进来”的棒球队员。

思考能让思维发生转换

使用铅笔，可以为我们进行深度思考创造机会。

用铅笔做记录是在履行“与物的约定”，所以能营造出信赖感。

即使这样的假设成立，可如果我明确地提出“用铅笔做笔记的人 = 工作上很能干的人，所以大家都开始用铅笔吧”，大家的心里也会马上涌起一丝蹊跷的感觉吧。

听起来就好像本书与那些宣扬“能干的人都是站着工作的”“能干的人都是用方格纸做笔记”的商业管理书籍一样，应该摆在书店的同一个书架上吧。

也许我们能从市面上买到一辈子都用不完的铅笔，也许有人会感到乐此不疲，但是，请停下来好好思考一下，我们常说的“工作上很能干的人”，指的到底是什么样的人呢？

工作上很能干的人肯定会给人以信赖感，但是我们却不能说“给人以信赖感的人 = 能干的人”。

现实中也会出现这样的情况：“他明明很值得信赖，却把工作做得这么糟糕！”这可真是件遗憾的事情。要想被人认可是“能干的人”，仅仅给人信赖感是不够的，还要做到真正意义上的头脑聪明。

在前言中我说过“能进行深度思考的人 = 头脑聪明的人”。

虽然头脑聪明的程度无法用数字来衡量，却可以通过完成工作得出一定的评价。我们可以做如下的假设：

头脑聪明的人 = 能进行深度思考→想出有助于提升工作效率的可行性方法→将这个方法运用到工作中并做出成果→让自己的工作效率、技能得到提升

对此，有人提出了不同意见，认为“有助于工作的方法都是快速想出来的”。

但是多数情况下，这种“很快想出的方法”就像序中说的那样，“是将眼前的事物与自己所了解的知识相匹配的结果”。也就是说，快速筛选出了自己已知的一些做法，这个过程中我们并没有进行深度思考，所以这种“速度的提升”并不等于“技能的提升”。

此外，太看重速度而忽视了思考，我们就无法想出很多方案，也就不可能想出最稀有的答案。大部分时候，很多人只能给出一两个说得过去、笼统的答案，这样一来，得出有益答案的可能性就降低了。

深度思考可以激发联想的能力，这样可以想出更多的答案，而不是仅限于“唯一的正确答案”，而且还会催生出一些乍一看毫不相关的思路，这就是所谓的“思维转换”。

关键在于**只要数量够多，就能很简单地提高想出有益答案的可能性。**

当然，我们的头脑中也会想出一些明显无用的答案、可能偏离问题的假设，以及无法用语言表达的图像等。但不管怎样，通过深度思考，我们能获得前一章中所说的“全新的发现＝认知（cognition）”。

留住深度思考产生的宝物

之所以说用铅笔做记录的人看起来更能干，是因为**用铅笔做笔记时可以进行深度思考并想出独特答案，这种可能性要比使用 PC 做记录的人更高。**

原因就在于如果我们使用 PC 做记录，就相当于为碎石子和石块套上了一层“筛子”。

记录或笔记并非是要将别人的讲话一字一句地记下来，也不能只记录说话的要点。这些只能算是“会议记录”而已。

另外，我们在与他人对话的同时做笔记，也可以加入一些其他的“独立信息”。

如果只是单纯地预约时间，我们可以这样记录：“× 月 × 日 ×

时，在 × 日料店与 × 会面。”还可以将事先准备的文件以手写的方式命名，写字的同时也加深了我们对这次会面的印象。

在互相讨论企划方案或创意时，对方的意见可能会给自己带来灵感，同样也可以记录下来。当听到的发言能产生新的创意时，哪怕发言的内容偏离了会议主题也没关系，统统记录下来吧。当你突然想到“可以参考这本书”时，也同样马上把书名记下来。还有，重要的内容可以把字写得大一些……

这些做笔记时的技巧，如果换到 PC 上进行，就格外困难。

很多系统都预装了文字处理的软件，大多数的版面都是横排或竖排的形式，文字一直连续在一起。同一个文件中的版式都是统一的，要么全都是横排，要么全都是竖排。当然，你也可以设置斜体、添加文本框、添加下划线、加粗字体等，但这些操作都需要一定的步骤，所以并不如手写的方式自由。

使用 PC 只需要套用“系统”或者“框架”就能达到快速与便利的目的，但是如果要做出一些其他的变化，就会非常麻烦且费时间。

大多数人都讨厌复杂与麻烦的事情，所以就会选择尽量省事的。也就是说，即使用斜体字、添加文本框等元素，最后做出的还是一份格式统一的 Word 文档。而临时想到的事情、与此无关的发言等内容，就都被省略了。

这样一来，“碎石子与石块”等思考所产生的宝贵产物，就被“筛子”——用 PC 做记录（或者说只是机械地将他人的话语记录下来）过滤掉或者碾碎了。

我觉得，面对这种良莠不齐的状态，仅仅以“是否方便机械化作业”为标准判断哪个是宝石、哪个是石头，未免太片面了。

将思考从大脑中提取出来

除了在与他人谈话时做笔记外，当我们在想事情时，这种“碎石子与石块的筛选现象”也会很明显。

虽然具体情况因人而异，但**我们的思考并非仅仅表现为“语言”这一种形式。**

在“思考”这个动作中，人们更多的是以图像化的方式思考。这种“思考”比文章可能更接近于漫画或电影的表现方式。当一个人坐在 PC 前思考时，要将这种难以用语言描述的图像用 PC 记录下来，实在是一件很困难的事。

“启动图形化的功能，然后点选这里……”像这样，当我们借助 PC——“与人的约定”进行操作时，头脑中的那些模糊的图像，早就消失得无影无踪了。

如果换作手写记录，像“三角形的顶端开放出花朵”这样的形象，只需几秒钟就能画出来。反之用 PC 的话，即便是操作很熟练的人，在短时间内画出来也是十分困难的。

我身边的学生大多是工科生，他们需要频繁地“将自己头脑中冒出的图像做成具体的形状”，也就是要经常制作**“思考的证据”**。

那么，他们都是怎么做的呢？由于这些学生使用电脑比普通人更熟练，所以他们会先用 PC 制作立体的模型数据，然后再通过 3D 打印技术输出成品。在这个过程中对细节精雕细琢。

但是，无论他们多么习惯用这种方式，使用PC就意味着在思考“成形”的过程中，介入类似“编写程序代码”的“与人的约定”，这是不变的事实。在原封不动地记录思考内容的方面，3D 打印技术还是比不过手写记录的。

我们常常会选择用乐高积木搭建形状。乐高的原理很简单：将三块叠加起来，就是三分的高度，这是基于“与物的约定”。相比之下，“首先定义一个圆柱体，然后将其倾斜 45 度角再切开后，将截面做成一个物体”的做法，也就是 3D 打印技术，属于“与人的约定”。

因为这与物理法则没有关系，所以给人的实感也是很稀薄的，而**没有实感的相伴，我们就很难进一步拓展思考。**

使用铅笔则能保留我们思考时的“证据”，也就是选出所想的话语，然后以书写的方式将其展现在现实中，**通过“在大量的话语中进行取舍”这一过程，我们可以不断地深化“思考”，打磨自己的想法。**

电脑带给我们“便利”与“快速”的同时，也在说话人与记录者之间，或者说个人的思考与最后的输出之间，强行加入了被称为系统的“与人的约定”的因素。

加入了“与人的约定”意味着失去了能容纳“思考”的空间，我们也就无法集中精力进行深度思考。

竖排、横排、斜体、图片、影像等这些自由的形式，也就都被剥夺了。因思考而产生的“碎石子与石块”全都被毁了。

只因为加入了“与人的约定”这一个步骤，就需要在“思考”与“输出”之间耗费更多时间。

因为有这么多缺点，所以聪明人在做笔记或想事情时，从来不会使用PC。他们自然而然会认为“要用乐高，而不是3D打印”“要用铅笔，而不是PC”。

书写能精炼我们的思考

设计师大多会使用绘图的方式做笔记，但令人意外的是，很多研究者也会采用这种方式。

我身边的研究者大多是理科专业的，所以当他们想解释某个概念性的内容时，便会借助“物理式的思考”，很自然地采用绘图的方式。

此外，对于商务人士来说，相对于纯文字的资料，带有图形或照片的资料会更有实感，也更容易理解。

当然，如果要非常严谨地解释某个概念，图文结合的方式所具有的多样性，就反而变成一种干扰因素了。

在学术论文中我不推荐大家使用手绘图，因为这会让不同的人在理解上产生差异。比起“铅笔所做的笔记”，“PC 做成的资料”更具客观性。

这对于说明书或指南之类的文件来说，也是同样的道理。当我们要保证“无论谁读，对内容的理解都是同样的”时，手写方式所带有的“手工质感”和“个性”反而会成为干扰因素，我们需要的则是“PC输出的内容”。

不过，**当双方互相表达“理解了”“传递到了”这样强烈的想法时，还是要借助与头脑中所想的内容更加接近的、图形化的手写方式增强实感。**

实际上，还真存在“图形化记录员”的职业。

这个职业是为了应对“开完会后，老是总结不好”的情况，将会议的内容以图形化的形式描述出来而设立的。“今天的会议主要说了×××”，当会议结束后，他们就能提交总结好的内容。

因为图形化的形式会使每个与会者有各不相同的解释或者理解。但是比起这点，由于大家都有了实感，所以更容易接受会议的内容不是更好吗？因此，才会产生这个职业。

不过，马上就让你“将会议记录以图形化的形式进行总结”的门槛难免有些高，但对于自己头脑中会议的记录——即所思所想的笔记内容——进行图形化的归纳总结，只需事先准备好纸与铅笔，就可以立刻试着做一做。

很多人都会先入为主地认为：图形化的思考方式只适用于设计

师，所以请你先试着去做一做吧。

书写的方式，能让我们面对自己内心的话语，发现我们的思维方式，精练我们的思考。

因此，我们的所有输出都可算作是一种“设计”。

从“直面自己的思考”这一意义来说，我们也要尽可能认真地、慢慢地用铅笔来书写。

用铅笔做笔记，可以让我们的思考更具创意

大家听我这么一说，是不是已经跃跃欲试了呢？与此同时，大家的心里应该也涌出了一丝不安吧？！

“圆珠笔、自动铅笔，还有钢笔都能用于手写记录，那为何除了PC 就只能用铅笔呢？”“圆珠笔和钢笔不也是基于‘与物的约定’进行书写的吗？”……

作为一名老师，我能想象出大家提出这样的疑问。虽然在预料之中，但我多少还是有些吃惊。

使用圆珠笔或自动铅笔的人都显得很普通，但是一个成年人使用铅笔，怎么看都很少见的吧。如果用钢笔，就会让人感觉是在装腔作

势，或者给人“老干部”的印象；而如果用铅笔就不会有这种感觉了。一直用铅笔做笔记会让人觉得这个人很有个性。此外，不是在笔记本上，而是在草图本上写写画画，更让人感觉像是一个创意工作者，这样能很自然地散发出对独特想象力充满自信的状态。

怎么样？不用说，这样的解释肯定是没什么说服力的。但是，必须使用铅笔的原因也隐藏在其中，请你开动脑筋，好好思考一番吧！

工具用得越熟练，思考越顺利

由于铅笔自身所具有的特性，确实是一种很容易体现出一个人独特性的工具。

按照我的定义，**“独特性”与“尚未熟练掌握”的状态，二者有着十分近似的关系。也就是说，无论技术如何发展，都不能到达所谓的“终点”，因为终点没有尽头。**

关于这一点我可以举个例子来说明：在 PC 的键盘上打字的速度有一个判断“熟练与否”的标准，而且无论你打字多么熟练，都无法打出“有趣的字形”或“漂亮的字形”。

但是，手写的方式就不存在绝对的满分，即“没有最好，只有更好”。这就是手写的特点，它永远没有发展的终点。

从“手写的方式不会出现绝对的满分”这一点来说，用圆珠笔、自动铅笔或钢笔都是一样的，但是由于一支铅笔可以写出浓淡不同的字迹，所以表现的幅度更宽一些。

此外，笔尖磨圆了的铅笔，写字时会很不方便。但是，在熟练者的手中，正因为它的笔尖不是圆锥体，反而能通过改变各种握笔方向，实现形态各异的书写方法。

总之，铅笔能将原本“不好写”的状态，转变为看似“书法艺术”般的优美表现。

“有限性”让思考更迫切

铅笔还有一个特点就是会越用越短。这也可以看作反映我们是如何使用的一种记录，从而对整个过程产生实感。

圆珠笔和自动铅笔的笔芯虽然也会越用越少，但是作为一支笔，它的长度并不会发生变化。钢笔的笔尖部位会因不同人的使用习惯而发生变化，笔杆也会因为手的握持而有细微的变形，但肯定不会出现铅笔那样明显的变化。

因为，铅笔本身会越用越短，直至用完。

从变化的程度来看，铅笔当之无愧的排在第一。

“减少”是能产生实感的一个重要过程，**所谓的“有限性”，就是铅笔所具有的一种特性，可以记录“我们是如何使用的”，**

即我们思考的过程。

综合考虑上述要素，铅笔是所有的书写工具中，最容易营造出个性、独特性的思考工具。

人类身上的“矛盾法则”

如果你想借助“物之原理”营造出信赖感，请使用铅笔吧！

如果你想有更深刻、更独特的思考，请使用铅笔吧！

如果你想给出独特的答案，彰显自己的个性，请使用铅笔吧！

你一定能成为你所想的样子……

你是不是以为我在推销名为《实现梦想，仅靠一支铅笔！》的书啊，不过我之所以这么说，是有一定道理的。

当我们身处于不便的世界中时，人们就会把“制造出便利的机器”当作一种追求。

但是，现今我们生活在一个如此便利的时代，如果还无视人性而一味地追求功能性，那么从“人类”的视角来看就会变得很危险了。

因为当机器能够独立运转的时候，人类也许就变得不再必要了，这就是我们常说的“忽视了人的作用”。

因此，我们要将人与机器综合在一起“作为一个整体（系统）”进行思考，要思考除了机器替代人类以外的“人机关系”——研究这一主题的专业，被称为“人类机器学”。在这门学科中，“安全性”又是一个很重要的问题。

人类身上常表现出一种矛盾的法则，即**人们在认为很安全的时候，就会做出危险的事情。**

你驾驶过敞篷汽车吗？将顶棚开启后，整个上半身就暴露在外，强风也会迎面吹来，当你加速时，身体能直接体验到这种速度感。再加上车身很低，几乎都能看见地面了，这能让你时刻意识到“啊，我正在开车！”如果此时稍微有点碰撞，说不定你就会受伤，所以，开敞篷车往往也伴随着一丝惊险。

因此，驾驶敞篷车的人一般都会保持安全驾驶的状态。原本很凸显个性的敞篷车，却留给人“是老年人开的车”的印象。因为，我们平时在街头经常能看见头发花白的老年人以法定速度驾驶敞篷车的身影。

但另一方面，我们注意到开高档车的驾驶员，无论老幼，都会表现得特别任性、易怒。

驾驶高档车的实感之所以比较薄弱，是因为高档车的设计是以“舒适性”为优先考量。

在一个完全被保护起来、坚固牢靠的车厢中，人们自然会产生出“现在绝对安全”的想法，于是驾驶员敢于胡乱驾驶的概率就会提高。

要思考“用什么”，而不是“做什么”

当有危险时，人们会变得很慎重；而感觉不到危险时，人们就会愿意去冒风险。

加拿大交通心理学家杰拉尔德·J.S. 瓦尔德（Gerald J. S. Wilde）将人类的这种心理称为**风险平衡机制**。

在生物学和物理学上，有一个动态静止（homeostasis）原理，即不管外部环境如何变化，机体仍会保持一个稳定的状态。这在自然界中，也属于物之原理的范畴。人体无论是处于 35 摄氏度的环境中，还是零下 15 摄氏度的环境中，都会保持一个恒定的体温，这全靠自律神经与内分泌系统在发挥着调节的作用。

风险平衡机制就是将此原理运用到人类心理研究上的一种想法。

气温过高时，我们会通过排汗等方式保持体温恒定。同样，当人感到安全时，就会做一些危险的事情。简单地说，就是这样的一种思维方式：假如，我们将汽车驾驶时危险度的正常水平设定为“七成安全，三成危险”，那么，开敞篷车的驾驶员会认为“这辆车只有五成安全”，所以自己还要再多加两成的安全驾驶，以此来恢复到“七成安全的正常水平”。

反过来，由于开高档车的驾驶员感到“这辆车只有一成的危险”，所以会增添两成的危险驾驶，以此来恢复“三成危险的正常水平”。

我希望大家关注的一点是，**人到底会被物体影响到何种程度？**敞篷车的驾驶员也好，高档车的驾驶员也好，他们平时都有自己的驾驶风格，只不过真正开车时，又会受到他们所驾驶车辆的影响。

除汽车以外，在其他的一些机器及工具上，也能看到这种现象。比如，**很容易书写的圆珠笔就会让使用者冒着“也许无法准确传递信息”的风险，将字写得杂乱无章。**

既然人这么容易会受到物体的影响，那么我们不如就利用好这一特性。所以，**问题不是写什么，而是用什么来写。**

不要因为使用 PC 就养成了“PC 式的思维方式”，而是要通过使用铅笔，养成“铅笔式的思维方式”。

比铅笔更加方便的圆珠笔和自动铅笔，由于风险平衡机制的影响，会让我们只顾着快速地书写，而忘记了去面对自己内心的所思所想。

请大家试着使用铅笔以没有任何干涉的“人的行为”，去和对方打交道吧。

通过试着使用铅笔，这一最为接近物之原理、简单又独特的工具达成“与物的约定”。

因为“使用铅笔”能让我们面对自己内心的思考。

从思考到理解领会

此外，铅笔还是一种以“物理性为武器”的工具，可以催生出一种“抓手”，让他人开始思考并最终产生“能理解”的实感。

例如，我在讲课时经常跳出原有的主题，以“说到这一点”为开头，转到其他话题的阐述上。当我滔滔不绝时，学生们都已经听得睡着了。

而比我年长的同事中，有一位教授在上数学课时，中途会面对黑板连续沉默 30 秒钟，他大概是想让大家多多思考。

也许是出于对这位总是沉默的教授的一种仰慕，有学生会主动表示“我想尝试解这道题”，所以这位教授有意地沉默，目的就是激发学生开始思考。说不定这位教授的沉默就是一种“抓手”。

如果商务人士在开会时一只手拿着铅笔，同时保持沉默，也是不错的状态；抑或，说着“如果画成图会是这个样子”，然后就动手在纸上画出来。这种做法会比“说个没完”的推销式说明更有效果哦！因为你能吸引对方的注意，即使有不理解的地方，对方也会主动跟着开始思考。

被吸引—停下脚步—思考—理解与领会—“明白啦！”像这样了解到的，才是我们亲手掌握的最正宗的知识，然后才能催生出“独特的想法”。

很多人认为制作一份既漂亮又易懂的PPT是商务人士的必备技能，但这其实是一种误解。如果我们能和对方进行富有成果的讨论，双方能深入思考并磨合出好的想法，就不需要PPT了。因为，**PPT中并没有能让对方实现理解的“抓手”**。

开会的时候，只需要有纸和铅笔就行了。在我看来，这样的公司也一定会是一家富有创造力的公司。

到这里，我们已经从“深度思考”说到了“铅笔的物理优越性”，那么接下来，我们从“铅笔”身上能思考些什么呢？

其实，通过对一支铅笔的深入思考，我们还会发现它与“人际关系”也有着不可思议的关联。

通过对“铅笔”的思考也能让我们窥见“用何种表达方式，能让我们缩短与他人的距离，或者反过来让彼此疏远”。

第 1 章 要点

◆用铅笔做笔记的人会给人一种“很能干”的感觉，这背后是“与物的约定”在起作用。

◆“与物的约定”营造出了世界上大多数的“实感”。

◆立足于“与物的约定”的铅笔，要比 PC（有“与人的约定”介入）更容易保留“思考的证据和足迹”，能提高我们想出独特答案的可能性。

◆虽然圆珠笔和自动铅笔很方便，也比铅笔更方便书写，但是由于风险平衡机制，很难让人深入思考。

第2章

故事思维：用深度思考讲出好故事

——关于“说明”与“数字”的深度思考——

为何有些发言让人感觉很无趣

有时候，我会看一些对企业管理者的采访文章，结果常常会让我感慨一下。说实话，那些内容真的是索然无味啊！

虽然聊的都是他们的杰出成就，而且逻辑上也很有条理，但总让人感觉是一些空话、套话，大家读完后也记不住什么具体内容。

有些人非常想了解这些企业的经营方法和具体运作，认为“如果社长是这么杰出的人，肯定会很有想法吧”，但看完后不知为何却改变了想法。

这恐怕是因为身为管理者，对一些事情不得不保密，而他个人的真实想法也只得从发言中删去导致的吧。

管理者的头脑中，可能同时想着各种事情。比如，新的经营策略，本季主打的新品和热销产品，为了扭转经营赤字而试图收购的公司，等等。

尽管这些都是令人激动且有趣的事情，但作为管理者，是不允许向记者侃侃而谈这些内容的。如果在还未向外界正式公布新的动向之前，就和盘托出刊登到文章中，也许会导致该计划夭折。另外，对消费者和股东、员工和竞争企业等会产生影响的内容也不得不多加斟酌。

如果不站在管理者的立场，而是从个人角度来说，他们肯定也有自己很不感兴趣的内容，但作为管理者能不能把这些都表现出来就另当别论了。

在某种程度上，说一些很无趣的内容，也可以说是管理者的“宿命”。

这么想的话，当我们要在上万人的场合发言时，可以采用第 1 章中提到的**“PC 式输出”**方式，以便让他人都能准确地理解我们发言的内容。

PC 式输出的好处就在于“无论谁读，都能理解为相同的意思”，尤其是当我们需要将某个想法大面积推广（面对公众）时，会特别有效果。

例如，典型的 PC 式的说明方式可以像下面这样展开：

“大家在乘坐飞机遭遇突发状况时，氧气面罩会自动从头顶落下，请乘客戴好以保障呼吸正常，请将身体向前排座椅的椅背前倾并低下头。紧急着陆后，请遵从工作人员的指示，脱掉鞋子并空着手逃离。”

虽然这段话平淡无奇，但是很容易理解。

那么，如果换成**“铅笔式的说明”**会是怎样呢？

“如果您感觉不妙，请抓住头顶上‘呲’地掉下来的东西，哪怕会感到呼吸困难，也请将其戴好。当呼吸恢复正常后，请将头护好。当我们在某处着陆以后，应该就会听到相应的指示，这时请将鞋子脱掉——不管是多昂贵、多喜欢的鞋子都请您脱掉，否则会很危险。坐在那边的那位父亲，请不要担心自己的脚臭，务必将鞋子脱掉……”

这种铅笔式的说明是否搞笑暂且不论，与前面PC式的说明相比，肯定是这种更有“人情味儿”。因为，这样的内容更接近于大脑思考的状态。

但是，不同的人听完铅笔式的说明后，对于该做什么动作的理解也各不相同。这个道理就像前一章中讲过的“图形化的说明，会让不同的人有不一样的解读”。

有的人会想：“到底什么东西会从头顶上‘呲’地掉下来呢？虽然氧气面罩掉下来了，但是并没有‘呲’的一声啊，难道指的会是这个吗？”“刚刚说要护好头部，是像这样的动作吗？”“那位脚臭的父亲还可能会不好意思地低下头，机舱里真是会一片混乱啊！”

所以说，**铅笔式的说明并不适用于向大众准确传递意图的场合。**

相反，正因为很少有人会用铅笔式的说话方式向大众发言，**所以如果你能做得很好，就会给人留下“很棒”的印象。**这也算是一个副作用吧。

有策略地准确传递信息

写论文的时候，我会有意识地采用 PC 式的说明方式。

在撰写论文的过程中，我会一直提醒自己“采用这种方式，读者可以对文章内容的理解保持一致”。因为我觉得，这是面向人群（大众）传递信息时的最佳方法。包括我自己写论文时，也是在 PC 上打出来，而不是用手写的方式。

我曾在第 1 章中极力推荐大家使用铅笔，现在听我这么一说，是否会觉得我“叛变”了呢？作为一名学者，在撰写论文等内容时，抑或仅仅根据当天的天气，我会分别使用“PC”和“铅笔”。

倘若我在论文中随意加入用铅笔手绘的插图，我想不管是谁审读，都会扫一眼之后，就扔到一边去了吧。如果每个读者对这篇论文论点的理解都不相同，也看不懂作者到底想表达什么观点，那这篇文章也就不能称之为“论文”了。

A：PC 式的说明 = 面向不特定的多数人（大众）传递信息的方法。

B：铅笔（手写）式的说明 = 对特定的个人（私人）传递信息的方法。

在大学课堂上，由于我面对的都是学生，所以会在采用 A（大众）的基础上，适当地穿插一些 B（私人）的内容，这样才是最好的方式。

不过，我有时也会把 B 的比例增加过了头，招来学生们的抱怨。同样地，当很多读者想要提升自己向他人传递信息的能力时，反而会有意减少 B 的部分，将整个中心偏向 A。

也就是说，大部分人是用“PC 式的思考”，将 PC 式的说明方式当作了默认的选择——不管对象是大多数人还是少数人，总之要用理论化的方式进行说明。你是否也会一直在心中提醒自己要采用能准确传递意思的书写方法或表达方法呢？

但我认为，这种“只要是理论化的表达就没问题”的想法，最好还是不要有。**无论你所表达的多么理论化，也不会给对方实感。因为对对方来说，不称心的内容终究不会被接受，所以也无法如你所愿，做到理论化地传递信息。**

“难以言表的部分”也许是深度思考的精华

PC 式的说明确实比较客观容易理解，但对于发言人来说，并不能保证能将重要的信息准确地传递给对方。

因为，我们越是进行深度思考，越是很难将所思所想的内容原原本本地表达出来。深度思考的内容有时是很抽象的、具有多种解释的内容，这就让我们说明起来比较有难度，总是会残留一些模糊暧昧的表述。

所以，“PC 式的说明（或输出的内容）”往往会省略掉“难以理解的部分”。但是，**难以理解的部分恰恰就是混在“碎石子”中的“钻石”，是经过深度思考后得出的精华内容。**

那么，我们该怎么做呢？

深度思考

能利用PC做出容易理解的说明的商务人士，真的算是很厉害了吗？

这在制作商务文书时可能是“正确的”，但是真的“对”吗？

这是经过深度思考后，得出的结论吗？

接下来，我们将对“难以理解的铅笔式说明方式”进行一番思考，也就是这种方式具有的主观性、未经整理、中心论点不明确等特点，在面向个人传递信息时所起的作用。

歌舞伎为何能传递“难以理解的内容”

在京都的街上，你能看到各种各样的景象，而歌舞伎的身姿就是其中之一。无论是学生时代，还是当了老师以后，我在大学的校园里都没见过歌舞伎走过的身影。

大概是因为歌舞伎白天的时间里都在练功吧。我之所以加个“吧”字，是因为这并非我亲眼所见的事实，而是从其他人那里听来的。

既然他们被称为“歌舞伎”，那么会跳舞是理所当然的了。此外，为了成为一名合格的歌舞伎，他们还需要学习演唱和演奏三味线等。

不过，歌舞伎的师父在给他们排舞时，通常会这样指导：

“要像拾飞舞的雪花那样舞动扇子。”

这的确是诉诸实感的铅笔式的说明——对于到底怎么做动作，每个歌舞伎都很难有一个统一的理解。

也许在舞动扇子的方式上，师父与歌舞伎之间存在着微妙的差别吧。

作为京都本地人的师父会像“拾起纷纷飘落的雪花”那样细腻地舞动扇子；而秋田县出身的歌舞伎，则可能会像“暴风雪来临”那样大幅度地舞动扇子。

“啊，这样也可以”——师父与弟子之间能像这句话一样相互理解就可以了；“你跳得不错！”——这就算是合格了。

正因为弟子舞扇的动作与师父的有着微妙的差别，这名弟子才能跳出自己特有的舞姿——独特性，所以才被认可是一个合格的舞伎。

这种师徒间的信息传递方式，也被称作“意会”[1]。

[1] 日文原词“わざ言語”是指通过共享情感和经验来进行学习，此处我替换为“意会”。——译者注

“意会”能更深刻地传递信息

“意会”并不要求完美地再现，而是只要说话者与倾听者之间能相互理解，这种信息的传递就是成立的；反之，如果按照“必须再现出与师父完全一致的动作”的规则，否则就是不合格。“意会”的前提就是，接受教导后，结合我们的理解和以往的经验，最终以自己的方式进行再现。

关键就在于，**如果没有共通的经验（或者各自以往的经验），通过意会传递信息就无法成立，所以要特别注意。**

如果是从未见过飘雪的南方歌舞伎，可能就会学着卖鳗鱼的父亲快速地摇动扇子的样子，无论多么宽容的师父看了都会生气吧——“这简直太儿戏了”。

此外，在箭术的领域中，人们把箭架到弓上时，常会听到“就像抱着大树一样”这样的意会指导，但是对于从未抱过大树的人来说，就会听不懂这种说明。

所以说，“经验”是整个的意会过程中必不可少的部分。**经验可以在说明的内容中加入实感，可以说其扮演了语言上的“物之原理”的角色。**

以“意会”的方式进行思考，会带来无限可能

因此，对于没有共通经验的人，最好不要用“意会”的方式。

“一边将扇子倾斜 45 度角，一边将已经弯成 35 度角的胳膊，以每秒 3 度角的速度进一步地弯曲……”像这样的指导方式，即使双方没有共通的经验，也都能做出相同的动作，就好像某人按下了“开”的按钮。

因为 PC 式说明的再现性很强，所以，如果我们通过编程向机器人也输入相同的“说明”，机器人也能正确地舞动扇子。

但是，在舞蹈领域中，也可以使用铅笔式的说明，因为文化不必具有 100% 的再现性，即使说明的内容偏离了“笔直的道路”也是被允许的，这就让文化得以不断延续与传承。

假设这世界上存在“绝对正确的钢琴演奏方法”，以再现性很强的PC式说明培养出的钢琴演奏家，最终都变成了完全相同的演奏方式。任何人都能对曲子做出完全相同的诠释，以相同的技巧来演奏钢琴。如果真的变成这样，那么“钢琴家”这个职业，以及像齐默尔曼（Zimerman）[1]、布宁（Bunin）[2]这些人也都不会存在了。

他们之所以被称为钢琴家，就是因为即便是同一首曲子，每个人都有各自的理解，然后会在演奏中加入自己的个性表达。如果仅仅是再现乐谱的演奏，就毫无意义了。

我在京都大学管弦乐队教授小提琴课时，总会强调“要像捞豆腐一样的运弓”，这是很有京都地方特色的一种“意会”表述。

“意会”的过程离不开彼此共通的经验，但是作为接受的一方，可以加入自己的理解，也就是说，留有思考的“余地”。

这么想来，**以“意会”的方式进行的思考，不但能做到深度思考，而且也可以说是一种催生自我独特性的训练。**

那种无须经验、无须解释，任何人只要照做都能再现的“指南手册”固然便利，但是它所能实现的成长与发展是有极限的，而意会则恰好相反。

在日常生活中，如果我们以意会的方式进行说明，以意会的方式

[1] 波兰钢琴家。——译者注

[2] 俄罗斯钢琴家。——译者注

进行思考，可能会感觉比较麻烦。因为这相当于我们为了得出自己的理解而让思考绕了远路，所以，如果要以意会的方式学习某个知识或者向他人传递某个信息，则必然是耗费时间的。

但是，也正因为如此，才能诞生出“独立性”。当你想出完全原创的答案时，就会不由得感到一种喜悦，而当你被这种喜悦包围时，原本对“思考”这件事的畏惧心理也就随之削弱了。

通过“指南手册”再现的效果，其结果只能是“合格的”而已，**但意会带来的成长，则是没有极限的。**

即使你自认为刚完成一件很了不起的事情，但仍能找到比这更高的目标。

具体的数字说明真的完美吗

现在，我们已经列举了铅笔式说明的很多优点，我想很多人会马上想“那我就使用意会的方式”吧。

在工作中，“理解的难易程度”“准确度”是很重要的，在思考时也应使用与之相应的具体且理性的语言。

如果我们要确立工作目标，并且经过了具体且理性的思考，最后要通过一个决议性的意见阐述这个目标的时候，该用何种表述方式呢？

·管理者 A 说：“下一年度，我们要更加努力！”

·管理者 B 说：“下一年度，我们要做出比去年翻倍的业绩！”

·管理者 C 说：“下一年度，我们的目标是达到去年营业额的

1.5 倍！”

我想大家一般都会选择 C 吧。

A 所说的“更加”到底是指何种程度呢？“努力”具体指的又是何种行为？这些话表述得不清不楚的。

B 比 A 稍微好点，但是今年要“比去年翻倍”，具体翻几倍也无从知晓。

C 则明确地给出了数字——“达到去年营业额的 1.5 倍”，之后要做的就是明确给出具体的做法，即“how”——这样一来就完美了！

工作中往往要与金钱打交道，而金钱是可以用数字来计量的，所以“容易理解 = 数字”就成了现今的一种常识。

但是，在这里我希望大家能试着对这一常识提出质疑。**所谓的“数字”，其实也并非是万能的，过分依赖的话就会落入“陷阱”之中，**所以请大家务必加以注意。

有时使用了数字反而会削弱说服力

例如，某个度假村与世界级的咖啡师合作，开设了一家很特别的咖啡店，采用了“会员介绍制”的形式经营，并且“每天限定只接待3组客人”。

店里最高档的咖啡要价是令人咂舌的“一杯3万日元”，但是你对咖啡毫无抵抗力，所以动用了一切手段成功预约上了，终于来到了这家咖啡店里。

店内的装修完全就是乔布斯所钟爱的“茶室”风格。用简约风的杯子盛咖啡，味道完全挑不出毛病。

店员穿着复古风制服，显得优雅又知性，咖啡师长着一张希腊哲人似的脸庞。于是，你试着去询问：“这种咖啡，怎么做出来的？”

结果，咖啡师这样回答你：

“将 50% 的哥伦比亚产咖啡豆，与 20% 的危地马拉产咖啡豆混合，再加上 30% 的印度尼西亚曼特宁咖啡豆，生的咖啡豆分阶段进行 3 分钟、10 分钟、15 分钟的烘焙，往重量约 1.22 克的滤纸中，用 82 目的滤网放入 18 克磨好的咖啡粉，然后再用 82 度的热水，以每 0.5 秒 5 毫升的频率进行萃取即可。”

这样的说明可谓相当具体了，数字所具有的客观性让“再现”这一过程也变得很容易，说不定有人已经认为“只要照着这个说明一步步做，即使是在自己家里，也能喝到这么美味的咖啡”。

不过，对于一般人来说，这样的说明总感觉与“在如此特别的场所，喝着 3 万日元的咖啡”有些不搭。这种**机械性的说明并不能带来与 3 万日元相称的奢侈感和满足感。**

至少，如果是我，我会再放入一勺砂糖品尝第二口，然后我可能会问：“这种应该也不是普通的砂糖吧？！”

这时，如果对方的回答：“这种砂糖与一般市面上的相比，甜度仅为 80%。”我肯定会有一种出乎意料的感觉。

“是的，是稍稍有点特别的砂糖。这是使用生长在冲绳附近的某个岛上的甘蔗制成的。海风导致糖分中会带有一点点柔和的咸味，会对其甜度有一定的影响”——这样的回答才是与这个特别的场合相匹配的。

让我们重新说回之前管理者发言的话题——必须使用具体的数字。除了“数字至上主义”的场合外，像管理者B这样使用很抽象且省去数字的表述，反而在“说服力”方面要更胜一筹。

发言有时需要故事化

有时，罗列数字能让说明变得更加具体，也会增添说服力。

比起说“要更加努力”的人，说“目标是去年营业额的 1.5 倍”的人，因为说明中利用了数字所具有的客观性，所以显得更理性，他的发言者能瞬间获得他人的信赖（倾听者瞬间对其产生了信赖感）。

不过，这种说明方式具有这些优点的同时，也损失了一个“特别”的情感要素，那就是**在发布目标的场合本应有的振奋人心的热情。**

像前文中说的，咖啡师使用带有数字的说明方式，会因为没有“留白”而让人感觉破坏气氛。

强行将“气氛”这种难以理性化的东西变得“理性”，我们就会产生违和感。

即使是在商业场合，在维持与客户一对一关系的“特别关照”中，过于具体、明确的说明也是不太适合的。也就是说，**“理性的思考 + 行动”并不能看作是一种关照。**

“为消费 3 万日元一杯咖啡的顾客，提供价值 3 万日元的服务”并不能称之为“特别关照”。

所谓的“关照”，应该是能准确地抓住并满足顾客本身需要，但还没说出口的需求。

有的顾客喜欢在喝咖啡时能有音乐相伴，而有的顾客则希望能在安静的空间里品味咖啡，每个人的需求都是不一样的。

虽然我不是服务业的专家，但是我知道还有很多更加微妙且细致的需求与关照。无论哪一种，都源自顾客潜意识里的需求，因此这种需求往往是很模糊暧昧的。

至少，在抓住并满足这种“模糊暧昧”的需求时，如果我们在语言上采用客观且容易理解的说明方式就显得很不协调了。

除了“店对人”的关系外，**在“人对人”的相处中，这种模糊性将显得更为重要。**

当你要向恋人表达“我爱你”时，说成“我 100% 爱你”还勉强可以算作表达上的一种修辞，但是如果说成“比你的前任还要多爱 120%”，对方听了可能就要皱眉了吧。抑或你说：“嗯，我很喜欢你，哪怕每次约会都消费两万日元也愿意。”即便是从我仅有的几次与女性交往的经验来看，这也很难说是一个“很好的表达”吧。

至少，我妻子要是听我这样说，笑脸肯定早就消失了。

有助强化说明能力的“4个尺度”

在这里，**我想以数字与表达方式**为切入点，总结归纳一下数字的特性。

大部分工作的场景都是“一对多”的状态，即我们面向的对象是大众。因此，使用“数字”会相对比较方便。

例如，自动售货机里卖的罐装咖啡，比起印上“感觉不太甜的咖啡”的表述，写成“甜度降低50%”或许会更妥当一些。

所以，在各种工作中我们都会用到“数字”。

某个商品是否畅销可以用数字来衡量；公司业绩中的“营业额”“利润率”“股价”等也可以用各种数字来评价。在商业场合中，这些客观的“尺度”是必需的。

但是，“尺度”自身也会遇到例外的情况，有些是能够用数字来表示的，有些则不能。因此，不同的“尺度”具有不同的意义与特点。

一般来说，我们可以把“尺度”分成 4 类，即**“比例尺度”“间隔尺度”“顺序尺度”“名义尺度”**。下面我将依次来说一说。

·比例尺度

像年龄、重量、长度、距离、绝对温度等“比例尺度”，可以通过数字反映谁大谁小、互相之间的差距、互相之间的比值等。例如，我们可以说“60 岁比 20 岁大，二者存在 40 岁的差距，前者是后者年龄的 3 倍”。

比例尺度中存在 0 的概念。因此，即使没有任何比较的对象，也仍能得到数值化的结果，依然可以用数字进行说明。例如，即使我的岁数不与任何人做比较，也能通过和“0 岁”的对比而得出“52 岁”的结果。

·间隔尺度

用“摄氏度”“华氏度”表示的温度、公历、日期等“间隔尺度”，虽然可以通过数值化的方式来表示谁大谁小、互相之间的差距，但却无法反映出“比值（几倍）”。

30 摄氏度比 10 摄氏度要高，二者相差 20 摄氏度，但是却不能说 30 摄氏度比 10 摄氏度热 3 倍。通过刻度的读数，可以进行加减的计算，但是在这一“尺度”中，是不能通过与其他数字的对比反映“高几倍”的。

间隔尺度中也有 0 刻度，但其本身是具有一定意义的。例如，在摄氏度中，将水结冰时的温度定义为 0 摄氏度，所以“0 摄氏度”并不是说没有温度。

· 顺序尺度

“顺序尺度”可以反映出大与小的关系，但是“相比之下，到底大多少或小多少”就无法用数字来表示了。

例如，“今天的满意度比昨天要高”“那个点子比这个要更有趣”，我们可以进行比较，但即便我们勉强按这种排序依次标注上了数字，也无法进行加法或乘法计算。所以，我们能知道的只有谁高谁低、谁好谁坏而已。

· 名义尺度

人的名字、血型、星座等都属于“名义尺度”。起名字的作用仅仅是为了以示区分，并不能反映出谁大谁小或者某两者的差距和比值，因为无法被数值化，所以也不能通过比较得出优劣。

即使对其依次分配了连续的编号，也不能进行加法或乘法计算，更不能排列出先后顺序。例如，我们不能说“第 78 号星云，要比第 77 号星云多出 1 个星云的○○”，因为这里的“○○”是不存在的。

从数学的角度来看，可以进行加法和乘法计算（比值）的“比例尺度”，无疑是用起来最便利、最轻松的。而“间隔尺度”虽然不能进行乘法计算，但是一般的加减法还是可以的，所以也还算是方便。

在这 4 种尺度中，能用数字表示的只有前两种。所以说，数字本身并不是“能用来反映一切事物的万能工具”。

在说明中使用数字具有一定的客观性和准确性，因为其背后有数据的支撑。但是，**“利用数字进行说明”这件事，实际上只能算是用简单的尺度测量事物**而已。

数学原本就是人创造出来的东西，属于“与人的约定”，而同属理科范畴的其他学科，如物理学、天文学、生物学、化学等则属于“自然科学”。所以，数学无法被归入“与物的约定”中，因此使用数字进行 PC 式的说明就很难让人感觉到“温度”。反过来，采用意会的方式进行铅笔式的说明，可能更容易让人产生亲切感。

虽然使用“比例尺度”与“间隔尺度”进行表述时，会让人觉得很有说服力，但是，一旦追问“为什么那个能用数字来表示呢”，整个发言的说服力就将被大大削弱。

因此，希望大家别再一味地认为“使用数字进行表述，才是万全之策”。

了解数据对比的“戏法”

当我还是个小孩子去参拜出云大社时，被人夸赞是一个可爱且皮肤白的男孩。因为我天生性格就很老实，所以一直信以为真。

直到今天，我还是那样一副老实天真的性格，当听到我的老师说“数字不是万能的。特别是‘不便益’这门学问，仅仅依赖数字是无法成立的”时，我也相信了——“是哦，我研究的‘不便益’是无法实现完全数值化的。”因此，从那以后我便开始思考“数字”以外的其他方面。

这么长时间以来，当时那个可爱且皮肤白的小男孩已经长成了皮肤白的大叔，但是由于我一直从事工科的研究，所以还是敌不过数字的“诱惑”，一直享受着数字带来的“便利”。

不仅仅工科领域的研究会这样，像医学、化学等科学的学问，也都因为有了“比例尺度”中的数字才能堪称完美。

所以，我在对“不便益”的研究中，也开始使用数字。

例如，有一种人为制造出不便的装置叫作“隐身导航”。它的使用规则设定为“凡是走过的路都会逐渐‘消失’，当连着 3 次通过同一条路后，这条路就会变成一片空白”，这种装置就是在研究“不便益”的过程中诞生的产物，目的在于随着道路的不断“消失”，让使用者将地图记到自己的头脑中。

当我要对此进行说明时，每次都会说“征集了 ×× 名志愿者来参与协助这个‘隐身导航’的实验，结果有 ×× 人记住了地图”，这些数字就是所谓的“实验数据”。

在临床实验和论文的撰写中都会广泛地使用“数据”，不过要我说这也不见得就是“科学的定量化”，毕竟也有些论文使用了“模棱两可的定量化”数据，并侥幸通过了审查。但如果问作者“其中的数字一定是科学的吗”，他肯定就答不上来了。

一方面，数字意味着准确和容易理解，但是它所能表示的范围是很狭窄的。所以，研究中仅仅有“数字”是不够的。

正因为有了“仅靠数字不能完全论证”的不便之处，才能让我们获得仔仔细细思考的益处。不管怎样，我也一直在面对“思考”与“数字”的对立争斗，既不能盲目相信“有数字就是完美的”，也不能认为“无法用数字归纳和说明的内容就是毫无根据的”。

要对判断依据的“数字背景”做出质疑

最近，“思考与数字的对立争斗”已经不仅限于研究学者这个群体了。我们看到将原本难以用数字表示的事物，强行用数字进行描述的例子越来越多了。

例如，像“相较于其他产品，本产品具有3倍的效果”“100%品质保证”等，这种**只使用“比例尺度”的数字进行描述，并将其作为一种判断的依据会非常麻烦。**

当然，这其中因为在虚假捏造数据的情况，所以人们会想：“既然使用‘比例尺度’总给人弄虚作假的感觉，那就换成‘间隔尺度’好了（当然，他的心理活动可能并不是这句话）。”

生产厂家，特别是负责市场宣传的人，就像受了“对什么内容都想用数字来描述”的诅咒一样。如，“100 个人中有 75 个人表示，B 公司的茶要比 A 公司的茶好喝”“新产品的去污能力是同类产品的 120%”。

像这样以对比的形式进行广告宣传，总给人一种“人为定量化”的感觉，很难说有多么科学严谨。

我们可以假设，“好喝”是一种比例尺度，那么在这个尺度中，A 公司的茶“好喝度”是 13/100，而 B 公司的茶“好喝度”是 12/100，虽然两者之间只是非常细微的差别，但是在 100 个喝过茶的人中，可能会有 75 人表示“A 公司的茶更好喝”。

但我们不能因此就说 A 公司的茶“好喝度”就是 75/100，因为“好喝度”依旧只是 13/100 而已。

再如，我们可以往衣服上弄上 10 克的污渍。假如用传统的洗衣剂能洗掉 1 克的污渍，而用新产品的话，则能洗掉 1.2 克。这时，我们可以说“在去污方面，新产品达到了过去产品的 120%”。

但是，10 克的污渍中不还是有 8.8 克仍残留在衣服上吗（在这里顺便说一下，关于“洗净能力”有一个 JIS 标准，其中能否彻底地“去污”，也是一项重要考量）？

而我们作为消费者，只会想到“啊！ 100 个人中有 75 个人说好喝啊。因为用数字写出来的，所以感觉值得信赖”“这个产品的去污能力是同类产品的 120% 啊！这肯定是经过科学验证过的结果”。

深度思考

当我们再看到使用“比例尺度”“间隔尺度”进行描述的内容时，首先最重要的是看透其本质，也就是说，**要想清楚“分母（规模、样本数量）”与“分子”的数字，二者各自代表什么含义。**

不要做“只为了会议上通过”的企划案

对于无法用数字表示，也无法进行比较的“名义尺度”，也存在强行使用数字描述的情况。

例如，老师评价学生“我很喜欢这个孩子，我不喜欢那个孩子”，这本属于“名义尺度”的范畴。但是，像“将喜欢的孩子归为一组，名曰‘第一组’；将不喜欢的孩子归为另一组，名曰‘第二组’”，这样的做法，就是一种人为的排序。每个学生不同的个性都只是“名义尺度”而已，却要强行用“顺序尺度”进行描述。

以我的推论来看，这就是放弃了思考，而将实感与客观混为一谈的做法。至于理由只能我们自己说得通，**一旦向他人进行传播时，这种实感与客观的“混合体”，在说服力与认同感方面很快就会露出破绽。**

“喜不喜欢这个孩子”这是个人的一种强烈实感，只有自己才会理解。然而，归根结底，这不过是一种“个人的看法”而已，而非客观事实，很难向第三方说明并求得其理解。

因此，人们才会选择放弃思考，转而用“数字”的方式强行描述成“客观事实”的样子。因为这种做法本身就很牵强，所以用什么数字，用哪种比较方式都无所谓。“那些人是‘第二组’的，我们都是‘第一组’的”——可以像这样人为地加入数字，也可以人为地划分出“一流的商务人士与三流的商务人士”。

像这样，混合了“实感”与“客观”而形成了所谓的“理由和依据”，意图让自己的主张正当化——这不就是我们常说的“歪理”吗？可以说，这是一种错误的尝试。

话虽这么说，但有些时候，很多人是被迫这么做的。

经常会出现这样的场景：“这个企划案很棒，绝对能大卖！”——年轻职员抱着强烈的自信拿出了方案，但是上司却希望他能具体说明一下“你总说很棒，到底棒在哪里呢？请你拿出能让人信服的数字来”。

原本，年轻职员要结合自身的实感，对自己的这份企划案进行深入再深入地思考，但是，“拿出数字来”——听了上司这句话后，便不再想去尝试深度思考了。

尽管通过深度思考这么一个麻烦的过程，能得出“主观的、独特的答案”，但上司命令的是要尽快拿出客观的数字。

如此一来，这名年轻职员便放弃了思考，为了能说服自己的上司不得不去收集数字“佐证”，比如，“进行分组问卷调查后，100 个人中有 70 个人表示能接受”，抑或是“类似产品的销售数据”等。

在这个过程中，**有些数字乍一看有捏造的嫌疑，但是这名年轻职员忘了进行深度思考，这让整个企划案显得十分空洞。即使形式上做得再好，也不可能带来实际的销售成果，只能说他完成了一份“为了获得会议通过而写的企划案”。**

这就是太过追求“数字”（甚至只看重“数字”）导致的情况，我们始终都要注意这一点。

我们在思考企划案时，重要的是要问问自己：在不知不觉间，是否让目的变成了“讨上司一时的欢心”。

思考，能让你捕捉到更加真实的答案

大学的入学考试测试的到底是什么呢？

也许你会说“为了测试考生的学力”，那么首先我们要搞清楚，“学力”是一种什么能力呢？

我个人觉得，入学考试可以当作对“是否具有与他人协作研究的能力”的一种测试。当然，我知道无法用考试的分数衡量一个人的能力，或者是否具有成为研究者的素质，但目前也没有其他的测试方法。为此，我也时常感到很苦恼。

我的三儿子在参加大学入学考试时，我曾对他说：“入学考试并不能测试出一个人完全的人格，不用太在意成绩。”

结果他这样回答我：

“我知道。要真是在全人格测试中不及格，那我就不活了呢。”

考试成绩并不能完整地反映出一个人的能力，因此考试属于一种“不便”的工具，而从这种“不便”中诞生的“益处”就是，对于无法测试出的部分，我们需要**留出思考的余地，用其他的标准来评判。**可是，大家好像没有意识到这一点，全都“以分数来定高下”，这实在是遗憾至极啊！

假如，只有10个考生参加考试，那么大学的教员就能与他们一个个地面谈，通过各种各样的测试深入再深入地充分了解这些考生的素质。但现在的情况是，**需要了解的对象数量实在是太多了，所以导致人们转而依赖“数字”这一便利的工具。**

这种烦恼并不仅限于学生时代。常常听人说“找工作面试时的失败，要比大学入学考试还要可怕。被几十家公司拒绝，会让人因此感觉自己的人格也被否定了”。之所以出现这种问题，也是由于应聘人数太多，而导致无论是面试官还是求职应聘者，都没有了“思考的余地”。

站在求职应聘者的角度来看，因为现在有了求职应聘的软件方便应聘者投递简历，所以和以前相比，求职者能轻松地同时应聘几十至上百家公司的工作。

在我找工作的那个年代，人们一般应聘5家公司，可能会被4家拒绝，但剩下那一个应该能通过，所以也不会有“自己的人格被否定”

的感觉。但是，现在如果一下子被99家公司拒绝，在精神上的打击还是挺大的。

让一个人独自去承受99这个数字营造出的“客观性”，随着被拒绝次数的不断增多，定会让人产生这种“绝对真实”的感受。

站在企业的角度来看，也许他们所持的道理是“比起从3个人里选1个，从100个人里选1个，肯定能选出优秀的人才”。毕竟，如果分母变得很大，那么从中选出优秀人才的概率也就相应提高了。

但是，与前面说的面试的例子一样，假如应聘者只有3个人，面试官就可以有足够的时间，深入再深入地考察每个人的素质。这样一来，除了表面的能力，也许还能发掘出一个人潜在的可能性或独特之处。这些要素就是我们常说的“潜力”。

遗憾的是，现实中面试官面对的往往是100个人——不，甚至成百上千名应聘者，所以他们根本没有思考的余地。最终选取人才的方式就演变成了“简单实现数值化的考试”和“不用过多思考，只问是与非的面试”。

一说起这个问题，就让我想起了某大型厂家的人事负责人曾对我说过的话：

“以前那种从很少的应聘者中挑人的招聘方式，好处就在于经常能招到超出我们预想的员工。[1] 而最近招聘进来的新员工，就和之前招聘考试时所反映出的能力水平一样，几乎都没有什么亮点。”

听完他的话，让我感到**在必须要思考“质量”的时候反而在意“数量”，这只能带来预料之中的结果。**

当我们很在意数量的时候，可以使用“数字”，这样看起来就像是在做**“思想上的速食产品”**，通过简单的步骤很快就能得到近似的“味道”，但还是远不及那种真正通过思考得来的“味道”。[2]

比起“数字”，你所思考的内容，无论是对你自己还是对他人来说，都会伴有一种实感，能让你捕捉到更加真实的答案。

---

[1] 意指通过对应聘者的深入了解，让其在今后的工作中发挥出了自己的潜力，从而超出了招聘方原先的预想。——译者注

[2] 此处类比的意思是，像方便面这样的速食品，可以做出近似红烧牛肉面的味道，但是真正好吃的红烧牛肉面，仍然是需要花费时间与精力才能制作出来的。——译者注

“在客观与主观之间切换”来提升影响力

那么，处在数字（客观性）与真实的实感（主观性）的夹缝中，该怎么做才能更深刻地将你的所思所想传递给对方呢？

如果是通过意会形成的相互关系，当然是最好的，但在日常生活中，很多时候并不是这种理想的状态（特别是在工作中）。

因此，**我们不必纠结于其中一方，而是同时运用主观和客观，才是在混合的世界中最佳且有效的传播方式。**具体的做法就是要在“实感”与“客观”之间顺畅地切换，将信息传递给对方。

为了实现更好地传递，我们首先要了解和斟酌“应该传递的信息”（内容）。

在“调查研究”的阶段，使用“客观的思考”会很有用。

试着去思考这些信息能否被定量化？能否采用“比例尺度”或“间隔尺度”描述呢？

以“客观的思考”研究信息，并不意味着“向大脑中输入的过程就结束了”。在这之后，还要进一步思考，**对于话语中的结论或论点这些“最重要的部分”，要以“主观的思考”进行斟酌。**

能否以意会或者与体感相关的语言，传递自己的主张？……通过这样的思索，将实感融入我们的话语中，从而避免说出那些“常见的套话”。

用客观的思考收集材料，然后对其进行主观的深度思考，找出只属于自己的答案。

这种“只属于自己的答案”，有时也要通过客观的思考的形式向大众进行传播，如你所熟悉的 PPT、PC、3D 打印等工具。

不过，当你想要强调某个信息时，则可以用主观性的语言向具体的少数人进行传递——当着对方的面，边说边用铅笔来描图画线——这会营造出具有强烈实感的说服力。

当你熟练掌握这种方式以后，你所进行的深度思考以及由此引导出的语言，就会在不知不觉间打动周围人，然后，他们才会做出你所期望的行动。

关注"实感"更容易打动对方

说起主观并带有实感的物品，我又得说到铅笔了。

铅笔所写下的笔迹都是我们自己所为，可以说，这是在一对一的关系下所做的笔记。因此，这是主观性的，也会伴有实感，而不完全依赖数字。也许，还会存在无法说清楚的内容，但却能让人觉得"这样就可以了"。

我们使用的铅笔造型多为六边形的棱柱，这是为了防止铅笔从桌上滚落。同时，由于我们握笔时使用的是拇指、食指和中指这三根手指，所以"采用 3 的倍数——即 6——用起来会更顺手更稳固一些"。

这样的描述就显得很有说服力，而且容易理解，也没有使用捏造的数字。但是，还有比这更加准确的解释。六棱柱体的铅笔在握笔时的触感，虽然难以用语言描述，但确实会带来一种熟悉的实感。

这种只有自己才能感受到的实感，到底是怎样的东西呢？当你产生某种感觉时，要深入再深入地去思考“这种感觉如何才能用语言描述出来呢？”“怎样描述才准确呢？”

这样的话，说不定你就会发现将铅笔设计成六棱柱的其他理由，并且你的“发现”才是只属于你自己的原创答案——没有使用数字，所以具有真实的个性与独特性。

要有意义地关注实感以及由此产生出的“平凡话语”，这样你才能掌握真正打动对方身心的传播方法。

第2章 要点

◆面对没有共通经验的大多数人时，我们可以采用带有数字的“PC式说明方式”；而关系亲密的人之间，则可以采用意会等“铅笔式的说明方式”（所以要注意，是否拥有共通的经验）。

◆数字中存在“4种尺度”，所以要注意像“与其他相比更加优秀”这样的表述中所隐含的数字表达。

◆“理论化的说明”并不能实现理论化的传播，所以不要将“使用数字”当作默认的方式。

◆向某人进行说明时，可以通过PC式的“客观思考”向大脑中进行输入，但输出的内容或者主张的核心部分，则需要借助铅笔式的“主观思考”来完成。

第 3 章

过程思维：提升能力的关键武器

——关于“过程”与“经验”的深度思考——

遇到疑问怎么办

从京都车站坐巴士去往京都大学，途中会经过东本愿寺。在这里，一直能看到用大字书写的标语：“现在，生命伴随着你。”

为了方便来自世界各地的游客阅读，这句话还用英文、中文等各国语言标示，可是像我等凡夫俗子，对这句话的含义总是感到似懂非懂。

上一章中我们提到的“意会”，虽然具体表达的意思不清楚，但是对方却能理解。这是因为，倾听者有很重要的**经验**作为前提。

但是，对于东本愿寺中所写的这句标语，真是让人似懂非懂，而且越念越不能理解。

“命”“宿命”“生命”这三者之间的区别并非那么明显，但却都汇聚在我们身上，由于我们都真切地活着，所以都有“活着的经验”，但并不会有“哦，这就是我的命啊”这样的感觉，而且我们每一天也不会具体地体会到“此时此刻，我在活着”这种实感。

如果想对对象有更加深入的思考并了解其本义（本质），不仅需要有经验，还可能需要**“与经验无关的实感”**。

本章我们就来思考这方面的内容。

为何我们会似懂非懂呢？这背后又隐藏着什么呢？何为“经验”与“实感”？没有“经验”，“实感”能成立吗？“过程”又是怎样的一种存在？同时，我们还会说说，**如何通过强化对“过程”本身的意识，加深我们的思考。**

成为真正独特的人

在京都的很多神社寺庙里随处可见一些令人难以理解的话语，所以这里不乏“似懂非懂”的素材。

离我的实验室非常近的长德寺里面就有这样一句话：

“一个人不遇到真人，就不可能成为真人。”

这也是一句令人似懂非懂的话，而且“真人”到底指的是什么呢？

在《广辞苑》（第六版）（岩波书店出版）中，对“真”的解释是“并非假的东西，实物或名副其实的真东西”。顺便说一句，词典中对于“真东西”的解释是“并非伪造或虚有其表的东西，真实的、实际的事物。真品。真正”。

那么，如果我们再查“什么是伪造的东西”，又能查到“仿制的物品”这样的解释。

词典就是这样一直在反复说着车轱辘话。当你查“岩石”时，它会告诉你“像石头一样大的物体”。可是当你去查“石头”时，它又告诉你“是比岩石小，比沙砾大的矿物质块”。你再去查“沙砾”时，它就告诉你“是细小岩石颗粒的集合体”等，这种感觉就像一条狗在追逐自己的尾巴一样。

“所谓‘真东西’，就是指不是假货。”

“所谓‘假货’，就是指仿制的东西。”

由此我们可以推导出“‘真东西’就是指并非照着什么原型仿制出来的东西”。

例如，有人发现了一个世界上独一无二、旷古未有的宝石，这的的确确可以算是“真东西”。因为任何人都没见过，所以不可能存在“假货”。按照这个思路，**独特的事物是“真东西”的概率确实会非常高。**

反过来说，以“钻石”为原型仿制出来的人造宝石，就不是独一无二的了。世界上有很多这种人造宝石，我们很难从其中看出什么“个性”。

不过令人烦恼的是，反过来说“‘真东西’是独特的事物”可就未必了。因为，真正的钻石虽然毫无疑问是“真东西”，但仍属于一种常见的石头，只是相对于普通的石头来说产量很少而已，并非什么“仅此一个”的事物。

基于这两点，我们再来看“一个人不遇到真人，就不可能成为真人”这句话，就能想通很多了，这也会让我们理解寺院里那些标语的难度下降不少。

你的同事A因为没有人和他完全一模一样，所以他就是“真正的A”。当你挤在满员的电车里，你们的身体挨着对方，由于谁都没有替身，因此可以说A就是“真正的本人”。所以，你与没有伪装的A相遇，似乎不是什么难事。

如果是这样，再一味地强调“不遇到真人（本人），我们自己也不可能成为真人（我们自己）”，似乎就没有什么意义，也没必要对此大书特书。因为我们平时就是以“本人”的状态活着，而且遇到的对方也都是他们“本人”。

所以，我们应该试着将这句话改写成“遇到真正独特的人，能让我们自己也成为真正独特的人”。

这世界上存在着稀少但并非独一无二的“钻石”，也有着“普通的钻石”。

“独特的钻石”，一般是指特别大、特别重、透明度很高且带有一点绿色、闪着耀眼的光芒、经过特殊的切割或打磨后制成的宝石。

大小、透明度、颜色等可谓是“先天的”条件。

按“先天的稀有形态 = 真正的独特”定义，如果套用到人的身上，就显得有些悲哀了。而特殊的切割、打磨等后天的要素倒是令人欣喜的。因为换句话说，“后天的要素”是通过工作和经验来完成的“过程”。

以“钻石”为例，我们很容易会认为：极为普通的工作（过程）不可能产生特殊的成果（结果），而厉害的钻石匠人想必都掌握着独特的“过程”……

但是，“过程很独特就必定会带来狃特的结果”这句话，也是不一定成立的哦。

从量的积累到质的变化

我们在批改大学入学考试的试卷时，并不是按照“一名老师批改多少人”来分配任务的。

在京都大学（我想其他大学应该也是类似的），同一个考生的试卷需要经过几名老师轮流批改后，才会给出成绩。这样老师们可以互相发现和确认批改过程中可能出现的错误。

在数学试卷的批改过程中，我几乎每年都能遇到超出自己预期、使用特别独特的解题方法的考生。

某位老师可能会“嗯？”一声，停笔，然后自己也开始尝试这种解题方法。还有其他的老师可能会对这份试卷感到困惑“哎？最后的答案竟然是对的？”

“还有这样的考生哪！只有他一个人用这种解题方法！”

这种解题方法（过程）的确可以说是独特的，但它最终推导出的是与其他正确答题的考生一样的答案（结果）。入学考试的数学题正确答案当然只有一个，因此能得到很多相同的答案，所以说这并非什么“独一无二（独特）的正确答案”。从这个意义上说，“正确答案”与“独一无二（独特）”的关系，就像是水和油一样分明。

同时，像“发明创造”这样的事情，在世界上可能同时发生。

虽然人们会说“素数尺子真是一项独特的发明”，但是，说不定在某个国家里，有人也做出了同样的东西呢。

所以，“具有独特性，也许就是真东西（正确答案）”这样的假设虽然成立，但若说“经历独特的过程就能获得独特性（独一无二）”，可就未必了。

那么，使用独特解题方法（过程）的学生又是怎么学会的呢？我们可以换个视角来看。

如果这些学生天生就是“数学天才”，自然也有可能想出特殊的解题方法。

但还有一种情况是，某些人特别喜欢数学，甚至到了痴迷的程度，那么他们会学习以往数学家所用过的各种解题方法，并在此基础上结合起来想出独特的方法。

总之，**那些使用独特解题方法的人，他们结合许多独特的、非独特的解题方法的可能性很高。**

“对于这个算式，只要记住这个公式，就能算出正确答案”——像这样以“最短距离”得出正确答案的方式，只能算是一种学习方法，并不能让人学会独特的解题方法。那些使用独特解题方法的人，并不是以“正确答案”为出发点进行反向运算，从而找出效率最高的一种解题方法。

可以说，**只有积累了大量的解题方法（数量），并经历过很多“过程”的考生，想出独特解题方法的概率才会更高。**

只有重视对过程中“量”的积累，才能在不知不觉间带来“质”的变化。

过程体验带来成功机会

“挥棒球杆练习 1000 次的人，要比只练习 100 次的人更加厉害”之类的名言警句，即使没有变成某种原则，也是我们身边常会听到的。

确实，就熟练程度来说，“练习 1000 次的人”肯定高于“练习 100 次的人”。但是不能说，练习的次数就代表了运动员击球的水平。

因为，如果这 1000 次练习的都是无效的错误动作，那么岂止熟练度不会有所提高，也许还会对运动员的肩部造成伤害。所以说，**单一的经验即便积累了一定的数量，也有很大的可能不会带来成长。**

只有对我们自己来说是正确的方法，才能带来技术上的成熟，而判断方法正确与否的关键，就是必须亲自尝试。比起只尝试一种方法，尝试多种方法的人找到“正确答案”的概率更高。

总之，数学考试也好，棒球中的击打动作也好，**哪怕我们尝试了1000种方法都是失败的也没关系，因为我们最终能找到对自己来说正确的方法，即真的东西。**而且，因为有了之前“不成功的方法”作为参照，我们能更容易获得“这种方法更加适合自己”的实感（顺序尺度）。

这样看来，“不遇到真人，就不可能成为真人”这句话所表达的并非“要想在最短的时间里遇到真人，就必须首先判断其是否是真人”或者“以结果为导向去行动”这种意识。

也许京都的寺庙想教给世人的就是**在遇到“真人”之前，你会遇到各种各样的人，其中既有了不起的人，也有有趣的人；既有撒谎的人，也有作恶的人……你要不断地体验，才能找到对你来说最正确的活法，从而更加接近“真人”的状态。**

所以说，不要太注重结果，而是要更重视过程。

即使你很偶然地、很快就遇到真人，也不能说是一种“幸运”。因为这会让你省略各种体验的机会，而你成为“真人”的机会也会被剥夺了，这么来看，却是一种“不幸”呢。

“仅此一个解决方法”

与京都寺庙中标语的解释形成鲜明对比的是，一些书中常常会宣扬“仅此一个解决方法，就能解决你全部的问题”。

这种说法确实能让人感到轻松，同时也更容易成为读者购买的理由。不需要再去寻找适合自己的方法，也不用再不断地试错，更不会再有失败和走弯路，你就可以很高效地得到“正确答案”。

就像我在本书的开头时所写的那样，“现今，只有速度才是王道”。因此，相比之下，我的主张也许就显得有些过时了吧。而且，有时不管我们如何深入地思考，还是无法得出结论，所以，当下人们就更看重“仅此一个解决方法”。

不过，从研究“不便益”的角度出发，在我看来，**像“仅此一个**

解决方法”这种便利的方式应该被禁止。

也许有人会说：“这么方便，同时又能‘解决问题’，难道不好吗？”但我想说的是，如此便捷的解决方法，带来的并不全是正面的效果。

就如同前文所说的“练习1000次错误的方法”或者“用不适合自己的方法努力1万个小时”，所谓的“仅此一个解决方法”并不一定真的适合你。假如真的不适合你，并且只有这一个候选项，你就只能盲目地尝试这一种方法，然后导致你不断累积负面效果。

即使这个解决方法很适合你，同样也会让你失去了试错的机会，而且你也不再会用自己的头脑去进行思考。

也就是说，“试错”与“思考”都变得不那么必要了。

获得“经验”与“实感”都是需要花时间的事情，可只要一说“花时间”，就会让人感到厌烦。而“思考”本身也是要花时间的一种行为，并且需要投入一定的时间成本。

如果什么都不用想，只采用别人提供的方法，你就会像“按下启动按钮就运转的机器”一样，失去了所谓的“独特性”与“自我的个性”。

即使“仅此一个解决方法”能解决所有问题，但是能给你带来喜悦吗？能为你带来实感吗？会让你有成就感吗？

实现技能飞跃的必要行为

通过“仅此一个解决方法”得到的结果都是一样的，就像用印章盖出来的效果，并不会更好或更坏。

虽然你在第一次尝试时，就获得了一个比较好的结果，但是无论你再做 10 次、100 次都仍将是这样的结果。

就像“用 PC 做笔记”一样，人们在做笔记过程中无法变得熟练，也得不到进化和成长，关键就在于缺少了**“飞跃”**的过程。

“深度思考”的过程并非沿着一条直线通往“结论”，而是在同一个地方徘徊，有时还会走错路、绕远路。但就是在这种行为背后，隐藏着能让我们发掘出“自我独特性”的启示。

而且，这种“自我独特性”不正是让我们今后在社会中保持生存的“优势”吗?

“深度思考”能让我们很自然地获得的一大好处，就是对“过程”的重视，即“经验”。

也就是说，“深度思考”可以让我们探寻事物的各个方面。借由这种探索产生的经验，我们能从中找到适合自己的方法，然后再继续深入地运用这一方法。这样才能最大限度地放大你的魅力，即“人性之力”，同时，还能实现技能的飞跃与成熟。

而那些所谓的教学书籍，为了追求简单易懂的效果，将有关“过程”的细节说明和其他的内容都一概省略了。但实际上，解决方法的重点，就在这些被省略的部分中，包括“个性”。这些重要的内容与“个性”被删除之后，就会让这些书籍变得肤浅且雷同。所以，总会给人似曾相识的感觉——“啊，好像在哪里听过这个方法”。

用“前后关联”的方式思考

通过多样化的思考与经验，才能形成一个人的“个性”。

在第 2 章中也说过，人都是依赖状况的个体，即**“前后关联依存式的存在”**。

即使是同样身处比睿山[1]山腰处的人，有些人的经验是“从修学院离宫[2]出发，经由云母坂徒步走上来”，而有些人的经验则是“从比睿山山顶坐索道下到此处”，所以大家的经验都各不相同，心理状态以及疲劳程度也是不一样的。

[1] 别称“天台山”，是以横跨京都市左京区和滋贺县大津市的四明岳以及大比睿 2 峰为中心的、南北走向的山脉总称。——译者注

[2] 日本最大的庭园建筑群，日本三大皇家园林之一，建造在比睿山山麓。——译者注

总之，比起“身处半山腰 = 结果”，“到达此处的路线、移动方式 = 过程”会对一个人的“个性”产生更大的影响。

“经验（过程）”可以形成一个人的“个性”与“思考的持久度”，是对“人是一种前后关联依存式的存在”这一说法的有力证据。

这也是我一再强调“要深度思考、注重过程的重要性”的原因。

我们一路是怎样走来的才成了现在的自己？抑或，今后将沿着怎样的道路继续前行呢？塑造你的并不是所谓的“结果”，而是“沿途的经历”——这才是你最大的资本。

保持“思考的连续性”

我推荐把铅笔作为“思维的最佳伙伴”的原因不仅仅在于前文所说的，纸和铅笔是非常接近“物之原理”的事物，还有一个重要原因就是，我认为**只有铅笔才是将“作为经验（过程）的思考”变为可视化的最佳工具。**

我们一边思考一边用铅笔书写，就会在纸上记录下“思考的过程”。哪怕最后纸上留下的痕迹都是一些无关紧要的内容，或者是涂涂画画、打叉、写完又擦掉，抑或是写了一半的内容等，都将**“思考的连续性”**原封不动地保留下来了。

“思考”并不是说要将头脑中的所有内容都原封不动地展现出来。

例如，当你在思考“今天”这个内容时，头脑中可能会出现“晴天”

这个结论，也可能同时又冒出“睡觉”这个结论。

当我们一边手握铅笔一边进行思考时，思考之路两旁的“杂草”就会被记录下来，变成我们能看见的内容。当你用铅笔写下“今天”时，头脑中会浮现出“睡觉”，于是也将这两个字写下来，这样你可能又会联想出“睡觉的猫咪”等内容，也许还会想到“由于一直在想企划案的事情，导致废寝忘食”吧（希望你不要停止这种联想，有意识地动动笔记下来）。

假设“今天是个晴天”是我们对“今天”进行思考得出的结论，但在用铅笔做笔记的过程中，我们的头脑里不断浮现出的、具有连续性的思考也同样会留在纸上，即使最后什么也没写下，但我们通过与自己头脑中的声音进行“对话”，同样能加深我们的思考。

这样一来，结论将不再仅限于某一个，而是可以提升我们找到超出预期的问题或解决方法的概率。

即使“目的地”不变，但我们选择了一条平时从未走过的道路，也能看到不一样的风景，说不定还能发现一家很棒的“餐馆”。同样的道理，**让思考走一些弯路，说不定就能有一些自己未曾想过的新发现。而这将会成为我们解决难题的突破口和强有力的武器。**

找到未曾预想过的新鲜结果（即想法、灵感、创意），可以说是“思考”这种麻烦且不便的行为所带来的一大益处。

完整保留思维的路径

如果我们使用PC做记录，就只能留下结果。

当你坐在PC前思考“今天”时，头脑中会冒出“今天是个晴天”的结论，然后你开始动手打字，屏幕上就会显示出这句话。可以说，屏幕上工工整整显示出的每个文字，让我们能在一瞬间就清晰地得到结论，却无法看出思考的痕迹。即便我们有时间进行一番思考，思考的内容也无法以可视化的形式被记录下来。

虽然PC上有“编辑历史”这种便捷功能，但是我们仍无法知道“在哪里打错了字”“在何处思路有所犹豫”。也就是说，“思考的过程”无法被保留下来。

而且，PC上还有“复制、粘贴”的功能，这使得我们能从网上将某个人所写的内容，简单的复制粘贴，就形成了所谓的结论。

这样来看，用 PC 记录的方式真的是不需要一点点思考，就能迅速地得到结论。我想所谓的“文字处理”也许就是这种“帮人偷懒的装置”吧。

而铅笔作为一种能将“连续性的思考”变成可视化的工具，可以说是非常可靠的“思维伙伴”，所以我希望大家一定要用起来。

为了留下之前书写的痕迹，以便我们能清楚地看见“思考的过程”，在用铅笔进行修改时，大家最好不要使用橡皮哦。

一些图形设计师脑子里冒出想法时，就会一直写写画画，并且不会用到橡皮，如果此时他们使用的是那种在一端带有橡皮的铅笔，就会成为一种干扰因素。

当你希望借助铅笔“保留思考的过程”时，最好远离那种可以擦掉痕迹的文具。因为，当我们可以很轻松地进行修改或删除时，就会导致内心产生一种“风险平衡机制”，从而让我们书写的大部分内容只是停留在表面。

如我们总想着“不管怎么写，反正都是可以修改的”“即使有错误，也可以擦去”，就容易让我们的思维停留在表面，无法进行深度思考。

在这一点上，PC 与带有橡皮的铅笔或多或少地有着相同的弊端。

制造思考的紧迫感

“**越写越短，越写越少**”这是铅笔的一大特性，而正是这个特性让人感知到了“思考的过程”“思考的时间”。

京都大学的学生中也有“在考试复习中使用铅笔”的人，他们这样做的理由就是“通过不断减少的铅笔，能让自己清楚地意识到‘我在学习’这样一种‘成就感’”。

“减少”这种物理变化，确实属于“物之原理”，因此，人们能在自己与物品的这种互动中产生实感。

不过，我们并不能单纯地认为，只要让“铅笔变短变少”就可以了。我们当然可以用铅笔刀几下就把铅笔削短，但是这样一来，就不可能拥有与铅笔一同书写学习的经验，所以这种跳跃式的变化并不能让我们拥有所谓的成就感。

只有在“变少”的过程中真正投入了时间，才能产生出实感。

“变少”或者“损伤”往往会给人一种负面的感觉，但是，如果我们在这个过程中留下了自己与物品之间的互动，就会形成独一无二的情感。而正是这种一路走来的痕迹，才能营造出独特性。

例如，批量生产的牛仔裤肯定算不上是“独特”的，但是经过我们长年穿着之后，因为腿型以及走路方式等原因，导致牛仔裤的颜色出现磨损，甚至还会有破洞，但正是这些造就了一条“独一无二的牛仔裤”。

“颜色磨损”即颜色变浅，这个变化过程中会涉及“磨损的时间”以及“具体的行为”；而破洞的出现，即所谓的“纤维变少”，这个变化过程也同样需要时间，同时在这段时间中，也会涉及具体的“经验”。所以，我们才会特别偏爱穿着这条牛仔裤。

“变少”这件事本身会带来故事性和实感。所以，经验会让特别平凡的事物变得独特。

有些牛仔裤在出厂时，会故意用水洗的方式人为做旧，但是这样的牛仔裤只能算是“伪造的物品”。这就和一开始就被人为削短的铅笔是一个道理。

如果你想要一条真正的牛仔裤，也许最好的方法就是，通过亲自穿着的过程来实现。所以，如果你想要成为“真正的自己”，就更加离不开这个过程了。

不设定任何目标的思考

每个学生到了快毕业的时候，都要做毕业研究或撰写毕业论文，但是真正重要的不是这篇论文能产生什么影响，而是要让他们自身体会到“学生时代有过怎样的经验”。也就是说，在学习的过程中，是否有这样的经验——“发现了新的东西”或者“发现这么做是不成的”。只有“经验”才具有所谓的教育意义。

“深度思考”这件事本身也具有相同的作用。

“从结论出发”“先制定一个目标”等做法，往往容易让人只想朝着某个目标前进，然而**真正具有价值的应该是“将目光放在过程上，同时进行深度思考”这样的经验。**

在我看来，即使是在互谈话并交换意见的场合，也并不一定非得是有趣的对话，或通过讨论得出一个最佳的结论。哪怕只是毫无结果的闲聊天，也是可以的。

话虽这么说，可如果我们对“闲聊天”进行一番深度思考，就会发现“沟通”其实并非我们平时理解的那样。你需要考虑对方的立场并努力寻找对双方都适合的话题，所以，这是一项对社交能力要求相当高的技能，自然有人会在这方面很不擅长。

将来，如果AI的研究取得进一步发展，说不定机器人之间就能无拘无束、自由自在地进行对话了。但是，即便到了那个时候，对话的目的恐怕还是为了传递信息。为了向对方传递信息，或者将机器人A与机器人B的意见进行对比，从而选择其中之一作为结论，但我们仍然很难将这些行为称为“闲聊天”。

闲聊天的过程并非是为了交换信息，所以也不会得到什么结果，属于毫无效率的行为。但这却是靠“与人的约定”的程序很难实现的一种“高级沟通”过程。也许有人会问：“为什么要让机器人学会闲聊天呢？”其实，这种**看似简单的行为，本身却是很高级的，**是人之所以为人的关键所在。

现实生活中也存在着一种“低能机器人”。

例如，在医院的看护现场或家庭中会用到机器人，它们与工厂中使用的机器人一样，都是将给定的任务完美地执行。因为其能力很低且不完美，所以还需要人的协助才行。

“低能机器人”的代表就是“垃圾箱机器人”。其身体就是一个垃圾箱，当它发现垃圾后只会在其周围徘徊，而不会自己去捡起垃圾，还是需要人帮忙捡拾。

这也是基于“不便益”的想法做出的设计，即通过这种方式与人之间产生关联，从而产生某种益处。

研究学者冈田美智男曾对电车中的女高中生对话进行分析，得出的结论是：她们的对话没有结论。

虽然看起来像是对对方的话做出的回应，但是说的却是完全不相干的内容。但“闲聊天”这种对话形态却是成立的。不仅限于女高中生，一些大妈之间的对话也是如此，双方所说的内容都不搭界，最终也无法得出什么结论，但是却能互相产生实感，由此获得“亲密感”，所以说这是一种很高级的沟通。

比起“得到某个结论”要更享受这种“没有结论”的沟通过程，这么做虽然有难度，却很有价值（那些做不到这一点的人，一定会很羡慕吧）。

当你体会到过程带来的价值后，就会逐渐切换成“重视过程”的思维，你“闲聊天的能力”也会自然而然地获得提升哦！

要关注“前后的变化”

当我说“不管有没有效率，过程才是最重要的”时，你肯定会问：“该如何对‘过程’进行评价呢？”

是呀，我们该关注过程中的哪个部分呢？

由佛罗里达州立大学的心理学家K. 安德斯·埃里克森（K.Anders Ericsson）提出并经由美国专栏作家马尔科姆·格拉德威尔（Malcolm Gladwell）著书介绍的“1万小时法则”，在日本非常有人气，你肯定曾在各种场合听说过。这条法则说的就是“只要投入1万小时的时间，任何人都能成为这个领域的专家！”这也给很多人带来了希望吧。

不过，就像前面所说的，如果我们采用的是不适合自己的方法，那么即使练习了1万小时，最后能否真的成为专家还得打个问号吧。

正如商务人士加班一样，并不能因为长时间待在公司里，就说他“工作经验的质量”一定会提升。因为这些人也有可能只是干事情磨磨蹭蹭才需要加班而已。

即便练习 1000 次的挥棒动作，但如果是错误方法，就不会让自己变得更熟练。

总之，**时间也好，数量也好，都无法用来评判过程的好坏与否。**

如果我实验室里的学生遇到了谁都不知道答案的问题时，就会用本科阶段的半年时间再加上研究生阶段的两年半时间，最终才会在这个问题上有所突破。像这样，从开始到最后，要经历整个思考的过程。虽说这样一连串的“过程”是比“结果”还要重要的，但正因为要投入很多时间，所以才说需要有耐心才行的。当然也有的学生会选择半途而废。

有的学生会抱怨：“明明很努力地做了，可就是得不到答案。”对于这种情况，有时我会建议他们换个研究题目，有时则会安慰和鼓励他们。这些学生之所以会感到困惑，是因为他们都怀揣着“毕业”这样一个坚不可摧的目标，希望能顺顺利利地从一开始走到最后——毕业，拿到京都大学的文凭。

他们虽然每天都来实验室做完相同的实验然后回去，但是对于“结果”却一无所知，从这样的“经验”中，当然不会产生任何实感。

只有伴有实感的经验才具有教育意义，才能有助于提升自身实力。

因此，为了从经验中体会出实感，我们一定要对“过程前后的不同之处”保持意识。

因为在教育过程的前后阶段，人必然有所变化。你可能会留意到“在这一点上有所不同”，也可能是像“最终得出了了不起的成果，而当时的 ×× 数值比较大”，像这样就对“结果”有了鲜明的记忆。在过程中是否产生了这样的变化，将会对你今后的人生带来很大的影响。

即使没有获得成功，但“投入了两年半的时间，做了 ×× 事情”这样的经验，也是你今后人生中能再取得某些成就所必不可少的经验。所以，你要对过程有所意识，并真正坚持下去，这样才能磨炼你的耐力。

判断经验的质量，应具备的 3 个视角

不仅仅是学生，对很多人来说，身处过程中时，想弄清楚“过程的质量”，都不是一件容易的事情。

虽说应不拘泥于结果，而是更加重视过程，但一些人难免还会有疑问：“我知道经验的过程很重要，可是经验的质量却无法衡量。怎样才能进行判断呢？”

在这里，我建议大家从 3 个视角出发进行考量经验的质量。如果你想提升工作的熟练程度，想经历“高质量的过程”，可以参考以下的内容。

· 要看到“现在所处的位置”

当我的学生表示“现在所做的实验，如果是 ×× 结果，那么接

下来，就应该像这样来进行实验”时，我就可以说他们是明白**“现在所处的位置**”的。

如果学生表示“我不是很明白”时，我就会提示“对这一点进行思考，就会发现此处有问题”，像这样引导这名学生开始思考，从而开始对“过程”以及如何走到今天“苦恼”的这一步进行反思。

之所以会感到“苦恼”，是因为它恰恰反映出了我们“思考的过程”。

商务人士在对自己经历的“过程”进行反思时，要弄清楚“现在正在做什么？接下来该做什么？目前还有什么未知的内容？”才能明确自己现在所处的位置。

·要看到“小目标”

即便一开始没有追问最终的“结果”，但在“过程”之中也要有一个阶段性的“小目标”。例如，你知道“如果不事先编出一个程序，实验就将无法进行”，就可以通过“是否能先完成这个编程的工作”，然后再来检验“经验”的质量。有的人会“立刻开始行动去做”，有的人则会“慢慢吞吞的，实际根本没有认真去做”。

对于商务人士来说，请你试着为自己设定一个“小目标”，看自己能否利索地达成，这将会帮助你检验自己的“认真度”以及“熟练度”。

不过，既然是“小目标”就一定得足够“小”。否则，太大的目标就不得不让人“又要好好思考一番”了。

如果你连“小目标”都没有达成，就要认识到“难道这个任务无法让自己提起干劲”或者“在过程中有可能出现了什么错误”。

·要看到“实感”——是我真正想去做的事情吗

也许这一点也不稀奇，只要我们努力去做事情，过程的质量多数都会是很高的。那么我们是否真的努力了，就完全靠自我的感觉判断了。你是真的在通宵做编程，还是假装自己彻夜努力，实际上只是喝酒到天亮呢？

这些在我看来，只需要看一下你嘴唇的干燥程度，就能立刻知晓。

不过，虽然我对自己的眼力有一点点的自满，但是有一些学生确实很擅长装出“努力的样子”。实话实说，我曾多次被他们蒙骗了。这种“表象”有很多种形式，有的是装出彻夜努力学习的样子，有的则是特意用铅笔手写，表现出一副单纯很努力的样子。

对于商务人士来说，不需要通过舔嘴唇知晓结果。因为，一个人到底有没有努力做事，自己其实是最清楚的。常言道“骗得了别人，骗不了自己”。这个“过程”的质量到底高不高，你自己很容易判断——只需看你是否产生了“真正想做这件事”的“实感”。

转变思维：先从外表入手

我的老师一直提倡“不便益”，他曾经用日本国家足球队教练举例子，即“奥西姆（Osim）脸上的皱纹”。

他说：“仅从那种皱纹来看，就能知道奥西姆曾经度过了怎样‘不便’的人生。而过着轻松的生活、什么事情都不用亲力亲为、从未体尝过辛苦是何滋味的家伙，脸上是不可能长出这样的皱纹来的。”

“正因为经历过‘不便’的人生，才使他拥有了可以统领一支国家代表队的‘实力’。所以，奥西姆才是‘不便益’的代表性案例。”

确实，奥西姆的经历看起来很像是“不便益”的一种表现，但是由于我不确定能否将这种“看起来像”当作一种研究的成果，所以很少拿来当作“不便益”的案例。

不过，我们并不能因此否定“看起来像”的状态，认为这就是不好的。

不管怎么说，“看起来像”的确能起到一定的作用。

你也许会装出一副“拼命努力”的样子，可即便最初只是做做样子，但最终真的变得“很努力”的可能性大大提高哦。就像之前所说的，人是一种会受物体影响的生物，属于会“受到外形影响的类型”。

因此，如果你真的想要拼命努力工作，不如首先装出一副“很努力”的样子。

把笔记本打开，拿起铅笔开始做笔记——先假装成一个“简单且有个性的聪明人”就好。

“小型失误”让你的思考逐渐成熟

不管我们是在他人面前，还是面对自己，都试着用铅笔去演出一副“看起来很像”的状态。哪怕我们头脑中什么都没想，也可以尝试用铅笔进行手写记录。

例如，我们可以想象自己是在“抄写这本书”。没关系，并非真的要去抄写一遍，仅仅是想象即可。

虽然“抄书”这种事不需要动脑子就能完成，但是与电脑上的“复制粘贴”操作相比，会让人产生疲劳感。同时，还要投入时间成本。手腕的疲劳与时间的流逝这样的“实感”，会让你产生疑惑“这难道不是在做无用功吗？”

但在抄写的过程中，你的头脑也会浮现出别的思考，如，“作者在此处虽然是这么写的，但是好像也不太对吧”，渐渐地这就会形成你自己的一种观点，或许还想往里边添加一些内容。由此，你的“思考过程”将会进一步向前推进。

也就是说，**用铅笔抄书这样单纯的手工“作业”，却能让你更加接近深度思考的状态。**

此外，手写的方式比起“复制粘贴”，在准确度上有所欠缺，甚至会出现很多“错误”。因为，在不经意间可能会写错。

但是，这种“错误”实际上却能够深化我们的思考。常出现的“错误”会表现为以下两种类型：

①**差错**（有意识的行为中所犯的错误）

②**疏忽**（无意识的行为中所犯的错误）

“差错”就好比“心里想着要‘向右拐’，结果拐过去后发现走错了路”这种失败的情况。这种错误都会很快地加以修正，并且这种修正行为大多是在“无意识”状态下做出的。

而“疏忽”简单来说就是像事后恍然大悟“糟了！竟然变成这个结果”这种失败的情况。此时我们产生的“糟糕”的强烈意识，将会在下次修正时，让我们特别注意“避免再犯愚蠢的错误”。

在高级心理研究领域，**将这种让人感到“糟糕”的“小疏忽”称为“小型失误”。而且，这对于一个人的成长来说是非常重要的。**

如果一个人每次都执行相同的任务且从来没有失败过，那么这个人就无法获得成长，也不可能有新的发现。

但是“小型失误”却提供了这样的契机，让人能有新的发现，从而收获成长。

用铅笔手写就是一种会出现“小型失误”的方式。我们明明知道的汉字可能会写错，也可能会在“词汇的搭配”等细节上犯错，但仍采用这一方式。因为这些“小型失误”是我们用 PC 时一般不可能出现的。

如果你想让自己感受到这种“看起来很像”的状态，就试着用铅笔写点什么吧。哪怕写错了也没有关系，但是千万不要试图去擦掉，也不要把纸揉成一团扔掉。因为只有这个过程，才能留下你“经验”与“实感”的痕迹。

请你时刻意识到，失败能够让你的思考逐渐成长和成熟起来。

“慢下来”能提升思考的能力

本章的内容，主要就是强调“过程”的重要性，以及对“过程”的意识在深度思考中所扮演的重要角色。

对“过程”有所意识，也就意味着，**当你“将眼光投向当下你所做的工作上”时，必然会让你的行为节奏变得缓慢下来。**

这也可以被认为是“思考的流露”。毕竟，要在缓慢行动的同时，做到头脑里什么也不想，是很难的一件事。

打个比方，阅读。

用“泛读”和“快速阅读”的方式，真的能把书中的内容输入到大脑里吗？而你又真的能理解这些内容吗？

即使是“稍微有些难懂”的书籍，乜做到一字一句地去阅读并加以理解，这个过程可能是很费时间的，但也会给你带来“获得感”——“原来是这个意思啊”。反之，如果因为很难懂就不再逐字逐句阅读，而是选择泛泛地浏览的话，就很难会对内容有深刻的理解，最终只会让“果然，很难看懂啊”这样的评价残留在自己心中。

因为，原本就是从忙碌的状态中抽出时间阅读，所以这种“泛读”的方式更加有害。虽然说读了好几本书，但也只是数量上的累加而已，内容完全没有进到头脑里，这是多么遗憾的一件事啊！

当你感觉困难时，要敢于直面它，坐下来好好地去解决它。

只有这样，才能让内心的“风险平衡机制”发挥出积极的作用，从而使大脑思维转换为“更愿意花时间去解决问题”的模式。

在“写字”这件事上，也是同样的道理。

不要用圆珠笔或自动铅笔草草地书写，下次有机会的话，可以试着一边有意识告诉自己“正在书写”，一边认认真真地做笔记。

要用铅笔，仔仔细细地书写。

这样就不可能以“无意识”“什么也不想”的状态去完成这件事。

这样的一个动作，能切实加深你的思考，进一步提高你的思考能力。

用铅笔开辟出“思考之路”

虽然实际上只是普通的面粉，但如果被信赖的医生写到处方中并表示“这是效果最好的安眠药”，患者在服用后竟也真的能睡得很好。这就是众所周知的“安慰剂效应”[1]，我们也可以用铅笔实现相同的效果。

“通过使用铅笔，演出一副聪明人的样子。”

“使用铅笔能培养思考能力。”

像这样，我们可以进行“自我催眠”。

这并非什么很奇妙的事情，就好像有些足球运动员在上场比赛前总会先穿上右脚的鞋子，或者有些棒球运动员赛前必须要吃点咖喱，

[1] 也称“伪药效应”。——译者注

抑或商务人士会选择在谈判的当天系一条粉色的领带。

这些行为都是没有科学依据的，也难以用“比例尺度”或“间隔尺度”描述，在这里恐怕无法用到论文中作为案例。但是，它们却具备像“至今为止，我一直用这样的方式，并且取得了成功”这样的可再现性，虽然不知道其中的道理，但在这种反复进行的“仪式”过程中，就形成了一定的套路。

仅仅一次的成功不能形成固定的仪式或套路，所以才要具备一定的“可再现性”。为此我们就必须反复尝试这个“过程”。不能仅限于寻找那种“一击即中”的方法，而是要尝试各种各样的方法。

如果要确定这个方法能让自己获得成长并且是“适合自己的正确方法”，我们就必须亲自去试一试才知道。此外，不要只尝试一个方法，多试几种方法，才能提升你找对正确答案的概率。

尝试1000种不同的方法，哪怕失败了也无所谓，只有这样，你才能遇到“真正适合自己的正确方法=真东西”。

所以，实际上我一直反复思考着同一件事情。

这不就是寺庙里的那句话所说的吗？“一个人不遇到真人，就不可能成为真人。”

所谓“思考”，与“被脚踩出的道路”非常类似。最初的时候，根本不是一条路，但是从这里走过一次后，下次再走就会容易很多。因此，之后还会沿着这里行走，久而久之就被踩出了一条坚实的路来。

同样的道理，**当你进行过一次思考后，下次再思考时就会感觉“容**

易多了”。这样一来，经过反复不断地思考，就能在头脑中开辟出一条“思考之路”。

如果是在科学领域的话，先由一个人的思考勇敢地踏出第一步，然后再由其他的人不断地重复再现这一“过程”，最终就能走上“取得新发现”的道路。

即使最初只是“装装样子”也是可以的。快开始使用铅笔吧。试着用铅笔在你的脑中开辟出一条“思考之路”来吧！

第 3 章 要点

◆不要只关注“结果”，也要把目光投向“过程”。通过不断积累这种重视“过程”的经验，磨炼我们思考的能力，从而发现事物的本质。

◆要对“过程”前后出现的变化有所意识（特别是哪些部分减少了），这样能提升“过程”的质量，让产生出的“实感”成为打动他人的原动力。

◆在“过程”之中，我们可以有意识地演出一副“拼命努力”的样子。从表象开始，逐渐形成真正的思考。

◆“认认真真处理好事物的能力”能够让我们养成重视“过程”的习惯，并由此提升我们的“耐力”。

第 4 章

减法思维：如何跃迁为一个高段位精英

——关于“思维能力”与“本质”的深度思考——

加法思维与减法思维

在京都大学能称得上“混乱”的场所，恐怕就要数“京都大学的吉田寮[1]”了。最近，在其西侧又建起了一栋新的宿舍楼，但是老楼还是保留着原来的样子，可以说是日本最古老的学生宿舍了。

曾经有传闻说里面竟然还饲养着山羊或鸸鹋，记忆中我好像真的从宿舍外面瞥见过。听说里面还有喂山羊的饲料、矮饭桌、常备的方便面、去年的果皮、各种书籍和漫画、有裂缝的破吉他等，总之所有东西都被混乱地放到一起。

说起男生宿舍或者寄宿公寓，人们想到的可能都是这种混乱的场景吧。

[1] “寮”即日语中的“宿舍”。——译者注

一个人刚开始住进去的时候，也许还会收拾得干净点，但是慢慢地，就会把参加完派对回来后脱下的袜子扔到床下；早晨一边赖在床上一边翻看着从书架上匆匆忙忙找出的参考书，结果发现不是想要的，就扔到地板上置之不理了；还有临时留宿的朋友留下的一次性隐形眼镜的盒子，会像雕塑一样一直摆在卫生间里……像这样，整个房间变得乱七八糟的。

吉田寮就是因为这些乱堆乱放的东西，而形成了特有的“混乱”样子，而我每次听到有关的话题时，又都会想起很多富有创意、聪明能干的人才是从这里走出去的，这不禁让我对二者的关联性产生了联想。

我所思考的内容，主要是关于思维技巧——**如果要诞生出新的创意，是应该像他们所身处的吉田寮那样，采用把一切事务都堆砌起来的“加法思维”，还是用“减法思维”呢？**

难道说，只要像老宿舍楼那样，逐渐累加很多想法，就能想出好的创意吗？还是说，要像新宿舍楼那样，将老宿舍中的物品都移除，以一种直面本质的新想法，才能被大众广为接受呢？

我们这次“思考之旅”的最后一站，就来深入思考可以让思想进一步发展并产生出新想法的“思维技巧”。

或许你可能已经猜到了，这种“加法思维”“减法思维”与铅笔也有着千丝万缕的联系。

知识量与思考能力成正比吗

首先，我们来说说“将 A 和 B 累加到一起”的思维方法——加法思维。AI 技术就是一个显著的例子。

我所研究的 AI 技术属于“与人的约定”的最先进研究领域，目的就是要尽可能接近人类的状态。这项技术自 20 世纪中叶诞生以来，每 25 年就会迎来一次“热潮”。

第一次热潮出现在 AI 技术诞生后不久的 20 世纪 60 年代；第二次热潮则是在 20 世纪 80 年代，当时我还是一名学生。

现今，我们正迎来 AI 技术第三次热潮。“人工智能战胜职业围棋手”“用 AI 技术写出的小说通过了文学大奖的第一轮选拔赛”“不远的将来，律师、法官、银行职员等职业都将被 AI 取代”……这些都成了街头巷尾热议的话题。

1956 年“AI”一词首次诞生，20 世纪 60 年代便掀起了第一次 AI 技术的热潮。在那个年代，人们对这种能解代数题、能进行英语对话的电脑感到非常震惊。

后来，又迎来了第二次 AI 技术浪潮。包括我在内，人们都一直梦想能让 AI 技术实现“用语言来描述和说明任何事物”。也就是说，将“所谓 A 就是 ××”这样的知识一点点地教给 AI，这样电脑就将变得更智能，具备不输给任何人类专家的智慧。

然而，这种“填鸭式的 AI 教育”实现起来却很难。

比如，你看到一张苹果的照片会觉得“看起来很好吃”，可是你能用语言完整地表达“为什么你会这么认为”这句话吗？苹果的外表很光滑，颜色稍稍带点紫色……也许你能写出一些判断条件，但是不可能把所有的条件都写出来吧。

同样地，我们也无法将“看起来好吃的苹果应该是 ×× 样子的”这样的知识教给 AI。因为我们找不到一个明确的“说明性的句子”来定义“这就是看起来好吃的苹果”。

因此，人们不得不放弃“用语言来描述和说明任何事物”的初衷，转而关注如何将“结果”直接教给电脑。

首先，由人类对“看起来好吃的苹果”与“看起来难吃的苹果”

的照片进行分类，然后只将“看起来好吃的苹果”的照片给电脑“看”，这样就在电脑的内部对“看起来好吃”这个概念形成一种条件反射式的神经元网络。

然后向这一网络展示“看起来很难吃的苹果”的照片，并对电脑的反应进行修正，直至建立起对“看起来很难吃”概念的认知。

这样反复训练让 AI 进行学习。电脑有时也会犯错，如“看”到一张“好吃的苹果”照片，结果判断为“看起来很难吃的苹果”，这时就要一点点地对神经元网络进行修正。反复修正以后，电脑逐渐就能给出正确的答案。这种开发技术就是在第三次 AI 技术热潮中唱重头戏的“深度学习”技术，在后文中，我们还会说到这一点。

当时，研究者已经意识到了，基于“只要不断地灌输知识，电脑就会变得更加聪明”的理念，将所有信息都输入给电脑的方式是有极限的。

主要因为这种做法“没有尽头”。而且，当时的电脑处理能力与今天相比还很低下，即使是将“结果”直接教给电脑，它进行学习的神经元网络系统也都无法正常运转。

最后，“逐渐累加知识”的第二次 AI 技术浪潮也走到了尽头，随后便迎来了 AI 技术的寒冬期。

向“AI 技术”学习输入方式

接着，就来到了现今的第三次 AI 技术浪潮，唱主角的就是前面提到的“深度学习”技术。

这种技术并不是“靠人类教给电脑如何去用语言描述说明”的“加法式学习”。

今天的电脑与第二次 AI 技术浪潮时用的相比，处理能力已经有了显著的提升，我们不再需要用类似“所谓 A 就是 B”这样的语言进行说明，而是将庞大的数据直接输入到电脑中。

当我们要将数据输入给 AI 时，不用再说明“带有些许紫色的红苹果很好吃”，而是只需要将这些未经加工的庞大数据直接输入即可。

这个过程与“婴儿如何学会认识母亲”很类似。

婴儿不需要任何人教“所谓‘母亲’就是××”这样的定义。何况，给“母亲”下一个完整的定义也是很难的一件事呢。

因此，婴儿都是自我学习的。通过“闻到母亲身上的味道”这样的经验，就能学习到“这是母亲的味道”。而当这种味道与乳房同时出现时，就能从这个经验中学到“母亲要给我喂奶了”。

婴儿身处卧室里哭闹时，母亲马上就会来喂奶。但如果是在电车中，无论婴儿如何哭闹，母亲也会“拒绝”婴儿的需求。

通过这种“无须任何说明”的经验，婴儿能学会“应该在什么样的环境中，才能喝到奶”。

目前的AI技术，也是通过类似的方式进行学习的。

在第二次AI技术热潮中，人们拼命想把“因为××，所以这个苹果是好吃的”这样的知识教给电脑。也就是说，对知识的创造还是停留在人类一侧。

今天，人们不用再进行任何说明，只需将原始数据给AI“看”即可，就跟婴儿获得知识的过程是一样的。

总之，**经由这样的“过程”，能够让AI拥有自我进行判断的能力，即思考能力**。就像京都寺庙中的那句话所表达的“在寻找真人的过程中，让自己变成真人”。

AI 是“与人的约定”的最先进领域，并非多么深奥的科学，它不过是我们人类想要通过不断努力，重拾一度被我们抛弃了的深度思考的能力。

深度思考可以促进创意思维

接下来，我们的话题将逐渐转向**创意**。

无论是第二次热潮时的“神经元网络计算机”，还是第三次热潮时的“深度学习”技术，都不仅仅是为了让电脑“原封不动地记住从外部获取的知识”，真正的目标是要实现“重视经验等‘过程’的铅笔式学习（仿照人类式的学习）”。不过，我感觉我们人类似乎已将原本所具有的“铅笔式的智慧”忘记了。

原因就在于第 1 章中提到的出现了“仿照与物的约定”，导致原本支撑着“与物的约定”的事物“本质”要素变得模糊不清了（如，铅笔的本质就是用来书写的工具，因为有石墨在纸上移动这种“与物的约定”，才能成立的）。我们一味地醉心于“速度”，不知不觉间认为将各种功能堆砌起来的“便捷”“速成”的东西才是对的。

因为，**我们眼前所看到的东西大部分是“多功能型”的，所以，我们在进行创意思维时，很容易就想到“要将某个功能与某个功能组合起来”**，这一点希望大家特别注意。

• “仿照与物的约定”太过盛行，多功能的方式会让事物的“本质”变得模糊，所谓的“便利性”往往也剥夺了我们思考的功能。

• “深度思考”这个优秀的功能是人生来就具备的。我们不仅要用 AI 技术等“与人的约定”再现这一功能，还希望能利用好这一功能，尽可能简单地接近事物的精髓，培养出抓住其“本质”的能力。

“思考”这种彰显自我个性的事情，正在轻易地被省略掉，甚至消失不见。

在这样的大前提下，我们只有掌握“深度思考”的能力，才能拥有创新的思维。

“危险思维法”

如果我们想抓住事物的“本质”，想在进行创意思维时不让“本质”变得模糊，就必须消除这种“仿照与物的约定”。一旦事物的“本质”变得模糊了，就会导致创意的核心部分变得薄弱，从而使“传播力”也变得很弱。

为了防止出现这种情况，我们要使用能尽快消除“仿照与物的约定”的方法，也就是说，对事物的构成要素进行分解，使其结构变成零散的状态。

我以前就是一个特别喜欢拆机械的男孩子，但是胆子还没有大到敢去拆爸爸的手表或者新买的电视机，我只是拆解一些已经坏掉的机械而已。

“分解”就是在我们“想了解事物”时，本能地去做的一种行为。而且，通过分解能让我们更好地理解其构成，就像医学之所以发达，离不开对人体的解剖一样。

因此，为了掌握“不会将本质变模糊”的思维方法，我们要尝试着去分解“与人的约定”，看看它到底是什么样的构造。

试着拆解各种“与人的约定”的事物，你就会注意到，**它们大多是在“与物的约定”的基础上，添加了各种东西构成的。**

比较常见的，就是将很多功能进行累加的“加法思维”。

像微波炉、智能手机、PC 等设备，实际上都堆砌了我们用不到的功能。

也许，有人比较偏好这种设备，甚至还会因“竟然还有这种功能”感到开心。但对于大部分人来说，却是毫无意义的。

所以，当**我们进行“加法”操作时，实际上也提高了让事物的“本质”变得模糊的概率。**

像这样，以“加法思维”制造物品，对于制造商来说也许是很容易的一种方法。“通过添加的方式做出产品”意外地非常轻松且简单。比如，要求“做出一种少见的铅笔”，如果用“加法思维”（姑且不论是否能做出成品，或者在商业上是否成功），我们就会冒出很多“仿制”的创意。

既然可以有“带橡皮的铅笔”，那么，能不能做出肚子饿时，马上就能吃的“带甜甜圈的铅笔”？此外，还可以有“带香味的铅笔”“带照相机的铅笔”等等。

在运用“加法思维”的场合，因为有了“铅笔”这个原型，所以只需要再选择往上添加一些功能就行了，这样能很容易地想出很多创意。

乘法思维不易找出“最佳组合”

看到这里，从事产品开发的人也许会说：“加法思维？这听起来的确很简单嘛。不过，在做企划案的时候，用得可都是**乘法思维**哟！”

确实，比起“用加法思维做企划案”，“用乘法思维做企划案”让人觉得更高级。我们在学算术的时候，都是先学加法再学乘法。虽然比不上印度人那样用功，但日本的小孩也是很小就要背“九九乘法表”。

那么，有没有某个事物会让我们分解后，发现“啊，原来这是用乘法思维做成的？！”

将“咖啡”与“牛奶”混合到一起就变成了“牛奶咖啡”，这属于“加法”吗？因为这好像只是将“牛奶”与“咖啡”简单地加到了一起而已。

而如果将“咖啡”与“明胶”混合，就能做成“咖啡布丁”，这属于“乘法”吗？因为液体的饮料变成了固体形态，所以让人觉得好像是做了“乘法”。为了不让大家混淆，这里我试着给出不同的定义：

- **如果 A 与 B 组合生成了“AB”，这就是“加法”。**
- **如果 A 与 B 组合生成了“C”，这就是“乘法”。**

怎么样？这样下定义之后，你的思路是不是清晰多了？其实这样一来就已经变成了“与人的约定”，与物理现象无关了。

不论是牛奶咖啡，还是咖啡牛奶，都只是牛奶分子与咖啡分子互相混合在一起的状态，这种状态就只能算是 A 与 B 的相加。“咖啡布丁”也是同样的道理。

将红色与蓝色相混合，看起来就变成了紫色，可如果我们放大看，就会发现这只不过是“红色的点”与“蓝色的点”的并排分布。在印刷行业中将这称为“加色法”，所以还是属于“做加法”。

虽然，物种与物种的繁衍称为“交配”，但从遗传因子的层面来看，则是会产生变化的一种现象。

总之，所谓的“乘法”不过是“加法”的一种变形。

所以，运用“加法思维”（或者“乘法思维”）创造新的产品，实际上是很冒风险的一件事。因为“加法是可以无限制的”，数量会变得过于庞大。用“加法思维”会产生出无限数量的产品，其变化形式也将无限增多。从众多的产品中，找出真正“好的产品”就变得很困难了。

通过运用“加法思维”或者“乘法思维”，我们的确能得到很多灵感，但是**这种将事物与事物互相组合的做法，在如今这个物质饱和的时代，因为数量会变得无限多，导致从其中找出“最佳组合”的概率就和赌博差不多。**

像“咬苹果”一样进行思考

这么想来的话，**要想得到一个好的创意，用“减法思维”更好些吧。**

因为加法可以无限往上添加，但“减法”却是有极限的。就拿“创意”来说，无论你如何“削减”，最终都不可能变成“负数”。

“在铅笔上添加元素”会产生出无限种组合方式，但是“从铅笔上减少元素”的话，可能得到的结果就是有限的了。

就像美国苹果公司“被咬了一口的苹果”logo一样，在打算“做加法”的时候，大胆地咬下一口——做“减法”。

可以说，iPhone手机就是在传统按键手机上“做减法”的例子。

虽然关于iPhone手机的开发过程有各种说法，但史蒂夫·乔布斯（Steve Jobs）确实是一个极简主义者，而且深受日本“禅学”的影响，据说还曾到访过京都的寺庙。

“对多余的东西做减法，追求最小限度的本质。”

他产生这一想法的源头，说不定就在京都哦！

不过，我自己从不用智能手机，在这里举这个例子可能显得较缺乏说服力。

顺便说一下，“如果功能相同，就要尽量做得更简单”这句话，在设计学领域是很早就广为人知的“奥卡姆剃刀”原理。

这是由中世纪的英国神学家威廉·奥卡姆（William Occam）首先提出的，这句话也被表述成“如无必要，勿增实体”。

减少“手段”才能凸显“本质”

“本质”与“经验”是产生说服力必不可少的两大要素。“本质”，就像史蒂夫·乔布斯所说的那样，越简单越能凸显事物的“本质”。

所以，下面我就来介绍我自己实际接触过的“减法创意”。

实际上，我对“不便益”的研究就用到了“减法思维”，原则上就是**将“便利的手段”去除掉后，仍需保留原有的“经验”**。

在解决实际问题时，一旦我们把“经验”去除后，“减法思维”就将停滞不前。

例如，我们把对公园中所有危险或冒险设施的思考都“做减法”，以便营造出一个“不再受伤的公园”。

由于我们极度地追求安全性，所以哪怕有一点可能会摔跤的设施，都要全部排除掉。

比如，秋千这种非常危险的设施自然不能再出现，甚至沙坑也有发生意外的危险。最终，我们不得不把所有的游玩设施都去掉。这样一来，将公园中的“冒险经验”去除后，公园也就变成了一个很没意思的地方，小孩都不愿意来玩了。

过度“做减法”就会导致公园的“本质”也消失了。

换言之，“公园的冒险性”这样的本质，就体现在“体验这些游玩设施”的经验中：

用力把秋千高高地荡起，感受快要飞上天的经验；从滑梯上滑下时的身体触感；从单杠上掉下来时对自己体重的感知……

公园中的游玩设施带给我们的是，通过自己的身体学习“物之原理”的经验。

创意就藏在“不便”中

对“手段”做减法，也可以说是体现“存在很多手段”的一种证据。

确实，我们可以在特快列车、普通列车、公共汽车和地铁等交通“手段”中做选择，但是，还有一些发展中国家的孩子每天要步行 3 个小时的路程去打水。对于这些孩子来说，似乎就没有可以“做减法”的手段了。

因此，有人时常会质疑：“对于发展中国家的人来说，也存在‘不便益’的概念吗？还是说，这种‘不便益’的思想，只能是在日本才成立呢？”

面对这样的质问，虽然我每次口头上都会说“不，我们不希望发展中国家的人也思考‘不便益’这件事”，但内心里想的却是“实际上，这种‘不便’是有其意义的”。

每天必须走 3 个小时去打水非常辛苦，这确实是一种“不便”。因此，人们可能会不断地抱怨，也可能会选择搬到大城市，抑或仍然忍受着，继续过着每天打水的生活。

不过，这种“不便”也给了人主动深度思考的机会——面对这样的任务“自己要做哪些努力”。**所谓“不便”，就是昭示“存在思考余地”的信号。**

我们通过自己的努力改变了现状，这就是所谓的“不便益”。

由于前人所做的努力太多，导致我们现在已经失去了对任务的意识。你看，我们现在不需要走远路去打水，只要打开水龙头就可以了，还可以去便利店买瓶装水或果汁。所以，我们已经忘记了“寻找水源”这样的任务。

因此，**当把“手段”去掉以后，虽然会带来一瞬间的“不便”，但是这却能成为我们主动深入思考“该做哪些努力”的契机，“对手段做减法”反而能营造出诞生新想法的空间。**

“没有窗户的摩天轮”

大阪有一家游乐场叫枚方公园，在 2016 年新建了一座摩天轮，但 40 个轿厢中有 4 个是没有观景窗的，窗户都用漆黑的木板遮挡了起来。

说起坐摩天轮，我们一般想到的是欣赏景色吧。但是，瞭望不断变化的景色却未必是“经验的本质”。

当我们将“从摩天轮的轿厢中眺望景色”这样的“手段”去掉以后，就剩下了“和他人在一个特别的场所中共享空间”这样的经验。

关于“何谓本质”的答案会因人而异，但是对于乘坐摩天轮的人来说，也许这就是本质所在。

对“手段”做减法，去除各种要素，才能更好地凸显出“本质”。

在十字路口用转轮盘的方式决定往哪个方向前进——这种在京都市内像玩棋盘游戏一样的旅游也是一个例子，是对普通旅游“朝着目的地移动”这样的“手段”做减法的结果。

一般我们在旅游时，“目的地 = 应该到达的场所”。但是，如果我们思考“旅游的本质是什么”，可能就并非是“到达目的地”了。

如果是我，就会认为，“仔细感受这方土地”的经验才是旅游的“本质”。而这种玩游戏的旅游方式，虽然是在做减法，却能让我对“旅游的本质”产生更好的“实感”。

不过，说到“旅游的本质”，这也是因人而异的，属于非常个性化的内容。

有人觉得“旅游的本质”就是拍下风景名胜的照片，然后上传到社交网络。而对于前不久参加“爆买旅行团”的中国游客来说，将在日本购买的礼物送给亲戚或邻居才是“旅行的本质”。

最重要的是，不要在旅行的过程中让“本质”变得模糊，试着对一些“手段”做减法，从而开始思考“自己所认为的本质到底是什么”。

“白纸 + 铅笔”可以说能揭示出“最直接、最显著的本质”。

你必须从“零”开始思考，在白纸上书写内容，无论你想写什么，都是自由的。可是，如果要在这白纸上印上淡淡的横线条，你会有什么感觉呢？如果使用的是那种浅灰色的方格纸呢？

虽然与用 PC 上的 Word 软件相比，“白纸 + 铅笔”已经算是很自然的书写方式了，但是你还是会下意识地被引导着“要沿着这条横线来写，写成笔直的一行才好看”，这样的排版格式让你更容易书写文字。这虽然给我们带来了一种“便利”，可负面的影响就是，它也妨碍了我们自由的思想。

“想法”必须是经过深度思考后，从我们的内部展现出来的一种东西，所以不应该在方向性上受到某物或者某人的引导。

做减法能产生“说服力”

专业的设计师会通过对现有物品做减法，获得新的想法和创意。我认识的一位设计师，他针对床的四角形造型，从更好收纳的角度出发，对“四个角”做减法，从而做出了一款圆形的床。

其实，猴子在树上做窝的时候，也会先弄湿，然后做成圆形。

当我们对“四角形的床”这种既有概念做减法时，竟然得到的是和猴子出于本能所做的一样的原型。

这到底是偶然出现的，还是从一开始就注定的结果呢？“人类的床将四个角去掉后，竟然变成了与我们有着相同祖先的猴子的窝。因此，可以说这是最适合人类睡眠的形状”——当你把这样的内容用到演讲中时，会产生很奇妙的说服力，台下的听众也会恍然大悟：“原来如此啊！”

当你为一个新的创意冥思苦想时，不妨先试试“做减法”吧。**首先对“手段”做减法，人为地制造出“不便”，然后再从中挖掘出“概念”与“价值”**。这会给你带来奇妙的说服力。哪怕最初没发现什么“价值”，也没有关系。

虽然还是基于“与物的约定”，但我们很快就能发现它“与人的约定”的内容。

我从研究“不便益”的角度来看，通过“减法思维”所想出的创意想法，最好也是“不便的”，但不是说非得如此。

例如，现今我们都认为将U盘直接插到PC上是一件很自然的事情，但还有一种USB存储设备，是要通过数据线来和PC进行连接的。

“数据线能不能去掉？”——也许设计者正是注意到了“要使用数据线与PC连接”这样的固有观念，所以才用“做减法”的方式得到了现在的结果。

如今，我们都认为将U盘直接插到PC上是理所当然的，也不会对其“便利性”有其他感觉。所以说，对常识进行质疑并对“手段”做减法，说不定就能诞生出下一个时代“理所当然”的事物。

对“手段”做减法可以提升“价值”

对“手段”做减法往往会造成一瞬间的“不便”，但是却具有“提升价值”的反作用。

据说，京都的西芳寺是史蒂夫·乔布斯很喜欢去的地方，也称“苔寺”。如果要预约来这里参拜，则必须使用“明信片”这种古老的方式。

是的，这里采用的并非当下我们惯用的电子邮件预约、电话预约等“手段”。

因为一直“行不通”，所以当有一天“行得通”时，我们就会特别用心去体会这样的经验，所谓“物以稀为贵”，就是从稀缺性中诞生出了“价值”，从而赢得了人气。

另一方面，所谓的“便利性”反而淡化了事物本身的“价值”。在PC上打出的文章可以马上进行“复制粘贴”的操作。乍一看，好像是用乘法的方式增添了更多的“价值”，但是在我看来，这反而是对一篇文章的“价值”做了除法。

我家里的录像机中录了大量的电视节目，虽然录像带的数量越来越多，但是一直放在那里没有看。那种随时可以打开免费收看电视节目的服务确实给人带来了“便利”，但是我们反而很少再看电视了。

这就是**由于数量的增加，造成了“对价值做除法”的一种现象。**

也可以反过来说，数量越少的事物，反而越能凸显价值。

因为学校的一些规定，我发明的“质数尺子”只能在京都大学校内销售，所以常常听说“因为一直买不到，所以是非常有人气的商品”。确实，由于CD越来越少了，选择去看现场演出的人变多了。反而那种非批量生产的“限量品”会一下子售罄。

“数量少就是好”，如果是独一无二的原创品就更好了。这样一想，只要具备很少的要素，将思想原封不动地手写记录下来的内容，才是独一无二的原创啊！

虽然我们现在需要动手写文件的机会越来越少了，但是“便签”等工具反而成了人气产品。对于这个现象，一种可以接受的观点就是“由于时代进步得过快，越来越多的人选择逆势而为”。

不过，还有一种更了不起的看法是“对原本便利的‘手段’做减法，从而促使人们思考事物的‘本质’，这已经开始成为社会上的一种潮流”。

减法思维的应用

“减法思维”不仅仅可以用来产生“新的创意、想法”。

在日常的工作中，我们可以先试着去除一些“便利的手段”，让这项工作经验的本质浮现出来，提高我们工作的质量和积极性。

我们在制作企划案的草稿时，一开始就可以放弃使用具有复制、粘贴等功能的PC，将这一“便利的手段”去除后，试着使用铅笔催生新的想法吧！

手写的内容当然无法进行复制、粘贴，即使可以用橡皮擦除，但与PC相比，铅笔在修改方面是很不便的。所以，你的头脑中就不会有“总之，先瞎写一气吧”这样的念头。

到底哪些内容可以总结到企划案中呢？我们必须先对此进行深

度思考。由此可见，“制作企划案的本质并非为了写出一份企划案，而是对企划方案的各个方面进行思考”。

“只有这个不能去除”——将所有多余的内容都做减法，最后留下来的内容对你和这个企划案来说，才是“最应被凸显的本质”。

“眼下，我所做的工作其本质就是这个”——当你开始这样思考时，就会给人一种“不明觉厉”的感觉。而那种故作姿态，握着笔在纸上时不时地写个三言两语的方式，并不能化解“模糊本质”的问题，甚至还会起反作用。

所以，我推荐大家以一种放松的状态，拿一支铅笔在废纸的背面随意地写写画画。

人很容易受到外部事物的影响，同样也会受到语言上的影响。如果“本质”一词听起来太过高大上，就可以用更加通俗易懂的“要点”来代替。

“这项企划（工作）的要点是什么呢？”

像这样思考，试着将各种多余的“手段”从企划案的内容中删去吧。

顺便说一下，用第 3 章中的例子来类比的话，“本质”属于那种“似懂非懂”的词，而相比之下，“要点”则显得更好理解。

因为我们常常说要“抓住要点”，这里有一种仿照“实感”的味道……像“身体”“体感”等词汇往往更容易带出“实感”。

像这样，让你的思维横向扩展，有时会找出未曾想过的“宝藏”哦。

“慢思考”原则

本书一直在说要手握铅笔进行思考，那么如果我们对“铅笔”也做减法会出现什么结果呢？

首先，铅笔的笔芯是无法被去掉的，否则，“书写”这种经验就不成立了。

如果将包裹着笔芯的外部木制笔杆去掉会怎样呢？虽然在制图的领域用的就是那种“只有笔芯”的铅笔，但是仍然要用一种套具夹住笔芯才行，这种方式更像是自动铅笔。也就是说，将笔芯或笔杆去掉后，铅笔就不能称之为“铅笔”了。

那么，我们能对铅笔芯的成分“做减法”吗？遗憾的是，不能。将石墨去除后，就不能写出字迹了；而如果将黏土去除的话，笔芯就会变成粉末状。所以，去掉任何一个元素都会使“书写”这样的经验不再成立。

这么想来，**铅笔确实是一种被精简到极致的、本质性的工具，它能让我们直接感受到“物之原理”，所以非常适合思考。**这对我来说是个很欣慰的结果，毕竟我用这么多篇幅进行的思考，是有一定的价值的。

此外，那种“比铅大的原子”更容易遭受到放射性的破坏（主要是长时间暴露时，会出现自然损坏的情况）。

也就是说，“比铅大的原子”会被破坏并分解为更小的原子。但是“比铅小的原子”则不会出现这种情况。所以，人们才会对铅笔情有独钟吧！这样一来，我用这么多篇幅进行思考的价值也就翻倍了呢！

听起来，好像我们有了一个很了不起的发现。不过，我们使用的“铅笔”虽然带有“铅”字，但实际上笔芯的主要成分是“石墨”，属于“碳元素”的结晶，而“铅”自然是由“铅元素”构成的。

钻石也是由“碳元素”构成的，看来“碳元素”还真是很有用的东西呢……可惜，我们用的铅笔不能变成钻石，真是太遗憾了呀。

要像这样，不断地进行思考再思考，但我们的第一目标并不是“要得出什么结论”，而是可以把这个过程视作一种训练，转变我们对“思考”这件事的认识，并做到“愿意花时间去进行思考”。

要想真正做到“愿意花时间去进行思考”，我们就要慢慢地书写，看书时也要一字一句地认真理解，这些都是很好的训练方式。

我们并不是单纯地为了利落地解决问题，或是将想法落实，而是要确认思考的“过程”中所具有的价值。

要想仔细体会“过程”，就必然会让我们的动作慢下来。

质疑是开始深度思考的第一步

如果将“手段”“便利性”去掉后，就剩下了“经验”。在我们对“手段”做减法的过程中，会对“经验”产生“实感”，才会思考对自己来说何谓“本质”。

这也会给我们“产生新的想法”带来一些灵感，所以说，深度思考是一种具有价值的“过程”，但是情况真的如此吗（即使这是我一贯的主张，也可以试着对其进行质疑）？

这样一种全是“益处”的结论，真的正确吗？

也许是出于理论研究的目的，我的老师说过这样一句话：

“唯一普遍的原则就是‘普遍性原则是不存在的’”。

所以，当你再听到“所有的……”“普遍的……”这样的说法时，一定要抱有质疑的态度：“真的是这样吗？”

我不是说要你对所有事物都持“批判性的思维”。当然，也不是要让你变成一个“多疑的人”。

之所以会“质疑”，就是为了对这种说法进行深度思考。**试着去质疑，是我们开始深度思考的第一步。**因此，我在第 1 章中提出的“质疑也是一种思维方法”，这也是我的老师教我的。

所谓的“相信”，就是指不需要经过思考就确认的事情。不，有时一旦进行了思考，反而会有可能变得不再“相信”。例如，你的上司手上明明拿着铅笔，却对你说“这是一支自动铅笔”。如果你什么也不思考，就会相信“是啊，这是一支自动铅笔啊。”

但是，这种行为无异于停止了思考，相当于我们放弃了与生俱来的“深度思考的大脑优势”。

人就是这样一种“好逸恶劳”的生物，你一旦找到了一种舒适的方式，下次就还会倾向于选择舒适的。所以，你就会变成对上司言听计从的“便利的零部件”。

从这一点来说，**所谓“质疑”，就意味着必须要进行思考。**但是，我们这么做的目的不是为了否定什么，或者要对一切事物进行质疑。因为要想获得“100% 的确证”，也是很难的一件事。不管怎样，在这个世界中，我们一直确定不变的是“物之原理”，而会发生崩坏的，自然大多是“与人的约定”。

因此，**“我们为了让自己更加确信，需要一点点的质疑”**。

当上司说“采用这种工作方式更好”时，你最好不要马上就相信并表示“谢谢！我知道了”，而是要试着进行质疑。

这不是说要你用批判性的思维去怀疑“经过事实的检验了吗”，也不是要否定对方“他作为上司，真的了解什么是好的工作方式吗”，而是要在心中提出质疑“真的是这样的吗？”“有没有其他的可能性呢？”“从这种工作方式中去除‘手段’后会怎样？”像这样让自己开始进行深度思考。

当这些疑惑都被解开后，这一崭新的事实（工作方式）——深度思考的结果，就会转化为我们自己的知识。

而且，当我们采用这种方式工作时，就会获得实际的经验，通过这一“过程”进行验证，再通过深度思考将不符合自身的内容去掉，就能获得独一无二的“独特工作法”，并能取得“压倒性的最佳结果”。

要有像“灯塔”一样的假定目标

“我们真正想做的事情是什么？”“想获得什么样的经验？”“想产生什么样的实感？”——我们要不断思考和实践这些问题，就要在道路的前方设定一个目标。也就是说，我们要有“**过程的方向**”。

目标不一定只能有一个，因为“一直恒定”“普遍性的事物”是不存在的。所以“普遍性的原则”等也是不存在的。

我的目标之一就是让“不便益”征服世界。通过一点点、一步步地运用“不便益”理论，制作出一些物品，最终的目标是要“征服世界”。

到什么程度才算是实现了“让‘不便益’征服世界”呢？这可没有一个数值化的认定标准，也不好加以定义。因此，我想这个“过程”本身才是最重要的。

设定一个“名义尺度”上的目标——虽然有时在这个过程中会走回头路，但对于我们培养深度思考的能力却是很有帮助的。

请记住，重要的是“经验”或者说“过程”。

当被人问起“总是在随意地做着事情，到底是想往何处去呢”时，你只要回答一个类似“灯塔”一样似有似无、若隐若现的“目的地”就好了。

因为一个假定目标不一定是绝对的。

每当我们去思考“目标”，并经历各种各样的“过程”，这才是最具价值的。

“没有答案”才有“思考的余地”

虽然本书围绕“用铅笔进行深度思考”的话题说了很多内容，但是好像始终都没有给出一个明确的答案，也许会让你略感失望了吧。

你知道吗？我们就是因为“没有答案”才生存下来的。

因为“没有答案”，所以才有“思考的余地”。

因为没有“终极的书”，所以才会出现“新的书”。

因为没有“终极的便利”，所以才会不断地诞生“便利的物品”。

因为没有“终极的‘不便益’”，所以才会不断地去思考更多的“不便益”。

在 PC 上打字的熟练度是有上限的，但用铅笔写字，无论是书写的熟练度，还是字体的表现力等方面，都是没有上限的。“思考”本身也是没有尽头的。正因为没有终点，所以才能不断地向前进。

用铅笔写字并不断地深入再深入地思考，并不是说一定就能改变你的人生，却能带给你“也许会改变”的可能性。

“一定是……”这种说法，只会让你的“思考”和“成长”停下脚步。；而“也许”这种可能性，却能为你的“思考”和“成长”带来“无限的可能”。

深度思考，必须在深不见底的“思考的海洋”中进行。而那种马上就能触底的“思考游泳池”，是不可能实现深度思考的。

在此，我希望各位读者都能以本书为契机，潜入无边的“思考的海洋”中，真正学会深度思考，并获得新的发现。

“纵向”思考带来“横向”扩张

至此，我们已经对“一支铅笔”进行了深入再深入的思考。

为什么用铅笔做笔记的人，会给人以“聪明能干”的印象呢？从这个疑问出发，我们的思维可以延伸到各个方面。

· 铅笔是基于“物之原理”，所以更容易让人产生“实感”。

· 与使用数字进行的“PC 式说明”相比，采用“意会”等方式进行的“铅笔式说明”更具有“实感”，更容易让人理解。

· 比起“写出的内容”，“用铅笔写字”这一过程本身更加重要，我们对这一过程抱有意识可以养成“思考的习惯”，并打磨我们思考的能力。

· 不要想着“能再添加些什么”，而是思考“可以去掉些什么”。

这样一来，人们就会像铅笔一样，产生简单且“凸显本质”的新想法。

像这样，**通过对一件事情的不断思考，我们的思维在“横向”上也能得到延伸。**

说到“深度思考”，人们往往会有“劈开一条细缝，然后钻进去”的印象，但当我们像做地质调查的“钻探研究”那样，让思考在“纵向”上不断地深入再深入后，就会发现“地下的洞穴”也会有各种“横向”的扩张。

就像层层的“蚂蚁窝”一样，我们越是不断地思考，我们的思维就越会不断地深入，同时我们的思路也会得到扩张。

我们只有深入地思考，同时让思路获得“横向”上的扩张，才能出现从未预想过的想法。

所以说，深度思考是让你获得超出预想的创意与解决对策的“法宝”。针对一件事物，要想有各个不同角度的新发现，就必须进行深度思考。

这种拓展“可能性”的方法，就是“深度思考”。

铅笔带给我们的思考

最后，我想说一个故事。

20 世纪 70 年代正处于冷战时期，苏联与美国展开了宇宙开发方面的竞赛，双方都在研究能让宇航员在宇宙中使用的笔记工具。

虽然平时宇航员做笔记用的都是圆珠笔，但是圆珠笔是靠重力下墨的，如果墨水不向下流出来，就没法写字。所以在宇宙飞船这种零重力的环境下，圆珠笔肯定是不能用的。

因此，美国以 NASA（美国国家航空航天局）为主导，投入了巨大的研发经费，在“一支圆珠笔”的基础上，添加各种各样的先进技术，做出了一种通过挤压笔杆内侧即可出墨的“高科技圆珠笔”。

而苏联怎么做的呢？他们最终用的是铅笔——不需要采用任何研发的手段，就如同重力一样，是宇航员时时刻刻都在体验着的“物之原理”，而铅笔恰恰遵循了这一原理。

从这个故事中，大家都能看出美国与苏联的一些差异吧？！不过，这也为我们今后的思考，提供一些可借鉴之处。

真正必要的，恰恰就是我们眼前觉得“理所当然”的、不起眼的事物。如果这一点能让你想更多地发掘眼前的事物，我将会感到万分的欣慰。

第 4 章 要点

◆当你在想一些新的创意时，不要想着往上添加什么新功能，而是要多用“减法思维”。

◆在“做减法”时，不要去掉“经验”，而是去掉“手段”。这样才能凸显出“本质”，同时也更容易产生“实感”，从而想出更好的创意。

◆对“理所当然”的事物要持有“一些怀疑的态度”，以此为契机展开深度思考。这样得出的想法会意外地具有很强烈的“实感”，更容易让人记住。

◆深度思考，会让思路在“横向”上得到扩张，让人产生未曾预想的意识。这样能发掘出眼前容易被忽视的事物。

结语
能深化思考的“思维法”

“用这个就能解决！”像这样的便利性会剥夺我们思考的能力。我从研究“不便益”的角度来看，这种“只需一个方法就能解决所有问题”的便利性应该被禁止。

“仅此一个方法”，也就意味着是“对任何事物都100%有效的解决对策”。这样一来，我们的思考就会陷入“止步”的境地。并且，不管在什么领域，作为科学家来说，在使用像“100%”这种表述时，应该慎之又慎。

即便是在本书中大力宣扬的“与物的约定”——如万有引力等，也不是完全绝对的。万有引力会影响到纳米量级的微观世界，这一点是确定的。

但是，在微观的层级中，分子间的斥力，即相互间排斥的力往往起到支配的作用，而万有引力的影响几乎可以忽略不计。否则，我们身边可能到处都出现“黑洞”了。

假如由万有引力支配所有层级中的事物，那么相距较近的原子之间就会互相结合，变得越来越重。随着质量的增加，就会产生更强的引力，将周边其他的原子吸引过来，最终形成了“黑洞”。如果真是这样，我们这个世界或许早就不存在了吧。

这个世界上，唯一能确定的就是“物之原理”。

而像“100%”“所有的……”这种表述，对于我们这些研究者来说，就像是众人皆仰慕的美女一样，既想靠近对方，又因为害怕而躲得远远的。虽然说“今天我们已能用科学解释很多事物”，但是我们还不能说“世界上 50% 的事情，都能用科学来加以解释”。因为作为分母的 100，范围到底多大，我们都不知道。

此外，还有一些人认为“科学依据 =100% 确定的事情”。

所谓“依据”，就意味着我们了解事物的一种“根据”。在学术研究中，“依据”或者说“证据”是必不可少的，所以对于我们这样的研究者来说是很熟悉的一个概念。几年前市面上开始大量冒出“基于科学依据的健康食品”“科学减肥法”等宣传概念非常受消费者的欢迎，好像对于这样的“科学依据”，大家都不加思考就相信了。

“想知道这不是骗人的花招，而是想让自己更安心”——正因为抓住了消费者的这种需求，才出现了这么多“科学依据”。人们不再通过深度思考判断这些宣传到底是不是“虚假的”，而是基于“有科学依据就都是对的”这样的想法，就盲目相信了。

可是，这些所谓“科学依据”很多都是虚假的。分母哪怕只有“1”，厂家也敢写成“100%”，这就是一种虚假宣传了。

例如，哪怕只偶尔成功过1次的实验，也会被拿来大肆宣扬，而失败了的实验就视为无，表面上看就是“100%”的成功率（如果是正规学术杂志，这样的论文是会被退回的）。

我认为“科学依据”可分为三种。

第一种是最好理解的，即“准确的、定量化的数据”。如“血流量增加了百分之多少”，这就是将所有的数据都数值化的“科学表述”，使用起来非常便利，而且也很容易理解。不仅是我，相信大家看到这样的数据后，应该也都能有“啊，原来如此！”的感觉吧。

第二种是被学术杂志接受的研究成果，即那些被杂志“刊登”了的科学依据。不过，这也许会让人感觉有些不够科学严谨吧，毕竟这种被“刊登”的内容到底能不能相信，依然属于“与人的约定”的范畴。

因为是学术研究的杂志，所以就是可信的。但是，偶尔也会出“岔子”，曾经被学术杂志刊登过的论文也会被撤回。

第三种是“经验性的依据”。虽然不能用数值表示，但是因为具有实感，让人感觉“啊！确实是那样的”，所以被当作一种依据。本书中所提到的“风险平衡机制”就是这个道理，即“当人感到安全时，往往会更容易做出危险的事情”。恐怕大多数人看到这句话时，会产生“嗯，确实如此”这样的实感吧。不过，这样的“依据”却不能被数值化。

因此，如果我们要将其运用到学术研究中，就得写成用数字来表示的形式，如“100 名实验对象在驾驶安全的车辆时，有 70 人的开车时速会比平时快 20%”。

这么想来，几乎所有的“依据”中，都有“与人的约定”的成分，所以我们才会觉得，不存在所谓的“绝对”或“100%”。因此，我们对“铅笔越用越短”的实感是可靠的。

我们在头脑中经过深度思考，想出的“就是这个！”这种要点才是可靠的。

我们无法用眼睛看到“物体之间相互吸引”，但是，因为相信了这句话，才能正确地计算出天体运行的轨道，也正因为相信了这句话，才能成功地将火箭发射升空。

手握铅笔，产生对“物之原理”的实感，然后进行深入的思考——这些说法也许都不够科学严谨。但我们也不能因此就说这不是事物的“本质”，正因为没有“答案”，才会促使我们“思考”。

各位读者在看完本书后，如果能开始留意“正在思考”这样的“过程”，并且愿意投入哪怕一点点的时间进行深度思考，都会让我感到欣慰。

在思考的过程中，只要能够意识到“啊，我现在正在思考”，就是你迈向深度思考的第一步，这也是在AI时代能够让我们人类不输给机器的重要技能。

请在你的头脑中迈出“思考”这小小的一步吧！

当你从未来回看现在时，一定会发现这其实是“一大步”。

参考书目

[1] 从不便中诞生的设计 . 川上浩司著，化学同人出版

[2] 对不起，当你有一丝遭遇瓶颈的感觉时，你该如何对待不便呢？——有关“不便益”的想法 . 川上浩司著，impress 出版

[3]Graphic Recorder——将讨论变成可视化的图形化记录员教科书 . 清水淳子著，BNN 新社出版

[4] 掌握“思考能力”之书 . 辔田隆史著，三笠书房出版

[5] 掌握“思考能力”之书（续）. 辔田隆史著，三笠书房出版

[6] 为何总是想不出最佳方案？锻炼能解决问题的“大脑”. 马修 • E. 梅著，藤岛美佐子译，日本实业出版社出版 .

[7] 设计学概论 . 石田亨编，共立出版

[8] 孱弱的机器人 . 冈田美智男著，医学书院出版

[9] 通过要点学习——设计的 150 条法则，威廉·立德威尔，克里蒂娜·霍顿，吉尔·巴特勒著，乡司阳子（Far, inc.）译，BNN 社出版

作者简介

［日］川上浩司

京都大学设计学系联合特任教授、博士（工学）。专业为系统设计。

1964年出生于日本岛根县。于京都大学工学部求学期间，开始就AI的“知识信息处理”展开研究，在硕士阶段毕业后，于冈山大学任助教，其间取得了博士学位。

其后，返回京都大学，因为导师的一句“今后将会是‘不便益’的时代”正式开始了对“从不便的状态中获得益处”的不便益研究。

作为“不便益”研究的一环，他制作出了“素数尺（质数尺子）”（只标注出质数刻度的尺子），因其奇特性而一度成为热门话题，并在京都大学内销售，创下了3万多把的销售纪录。

随着自动化的不断发展，当今时代正在向着“更加便利”的方向前进，但是“便利性”中也隐含着“弊端”。因此，为了解决这一问题，他用工学知识并基于不便益的视角，开启了对全新系统设计的研究工作。

著有《深度思考》《从“不便”中诞生的设计》等书。

图书在版编目（CIP）数据

深度思考 / （日）川上浩司著 ；金磊译. — 北京 ：中国友谊出版公司，2018.9（2019.6重印）
ISBN 978-7-5057-4485-1

Ⅰ. ①深… Ⅱ. ①川… ②金… Ⅲ. ①思维方法—通俗读物 Ⅳ. ①B804-49

中国版本图书馆CIP数据核字（2018）第205104号

著作权合同登记号 图字：01-2018-7033

书名 深度思考
作者 [日]川上浩司
译者 金 磊
出版 中国友谊出版公司
发行 中国友谊出版公司
印刷 三河市冀华印务有限公司
规格 700×980毫米 16开
15.75印张 160千字
版次 2018年11月第1版
印次 2019年6月第2次印刷
书号 ISBN 978-7-5057-4485-1
定价 42.00元
地址 北京市朝阳区西坝河南里17号楼
邮编 100028
电话 （010）64678009